"十三五"普通高等教育规划教材

高等院校艺术与设计类专业"互联网+"创新规划教材

人物造型设计

金媛媛　编著

北京大学出版社

PEKING UNIVERSITY PRESS

内 容 简 介

本书是讲述戏剧影视作品人物造型设计的专业教材,旨在拓展学生在人物造型设计方面的创意思维,提高学生对剧本人物造型的把握能力,使其能够独立设计剧中人物的造型。

本书共 8 章,分别为人物造型设计概述、历史题材人物造型设计、现代题材人物造型设计、超现实题材人物造型设计、人物造型的色彩设计、人物造型的图案设计、人物造型的材料设计、学生作业赏析。本书为"互联网 +"创新规划教材,配有大量的视频等立体化教学资源。

本书既可作为高等院校戏剧影视美术设计、动画等专业的教材,也可作为行业爱好者的自学辅导用书。

图书在版编目(CIP)数据

人物造型设计 / 金媛媛编著. —北京:北京大学出版社,2024.1
高等院校艺术与设计类专业"互联网 +"创新规划教材
ISBN 978-7-301-34703-4

Ⅰ.①人… Ⅱ.①金… Ⅲ.①化妆—造型设计—高等学校—教材 Ⅳ.① TS974.12

中国国家版本馆 CIP 数据核字(2023)第 238616 号

书 名	人物造型设计
	RENWU ZAOXING SHEJI
著作责任者	金媛媛 编著
策划编辑	孙 明
责任编辑	李瑞芳
数字编辑	金常伟
标准书号	ISBN 978-7-301-34703-4
出版发行	北京大学出版社
地 址	北京市海淀区成府路 205 号 100871
网 址	http://www.pup.cn 新浪微博:@ 北京大学出版社
电子邮箱	编辑部 pup6@pup.cn 总编室 zpup@pup.cn
电 话	邮购部 010-62752015 发行部 010-62750672 编辑部 010-62750667
印 刷 者	北京宏伟双华印刷有限公司
经 销 者	新华书店
	889 毫米 ×1194 毫米 16 开本 11.75 印张 293 千字
	2024 年 1 月第 1 版 2024 年 1 月第 1 次印刷
定 价	79.00 元

金媛媛，现为鲁迅美术学院传媒动画学院副教授，硕士研究生导师。大连市服装设计师协会理事、辽宁省青年美术家协会大连分会理事。

曾出版《水彩时装插画研究》《动漫服饰与道具设计》等图书。

发表论文 10 余篇，其中《柞树叶染料对柞蚕丝颜色特征的色度表征》发表于北大核心期刊《针织工业》，《现代动漫角色服装艺术分析》发表于《美术大观》，并荣获 2014—2016 年度沈阳市社会科学优秀学术成果三等奖，《当代未来主义服装设计中的符号语言》发表于《中国民族博览》，荣获 2016—2018 年度沈阳市社会科学优秀学术成果三等奖。

主持省级科研项目"辽宁民间美术遗产在动漫服饰与道具中的应用研究"，并参与省级科研项目"漫画与连环画教学研究与实践"，主持校级科研课题"动漫服饰与道具设计的方法研究"。

服装作品《白色％》入选第十一届全国美术作品展；时装画作品《静待花开》入选第三届中国时装画大展，《衣脉相承》入选主题为"绚丽民族风"的第四届中国时装画大展；等等。

前　言

"人物造型设计"是戏剧影视美术设计等专业的专业课程之一。通过本课程的学习，学生能够了解人物造型设计的基本概念和基础知识，以及人物造型设计与戏剧影视作品之间的关系，理解人物造型设计在戏剧影视作品中的地位和作用，熟悉人物造型设计的原理、构成和方法3个重要环节及递进关系，掌握人物造型设计的方法和流程。关于本书的编写及教学安排，有以下思考和建议。

一、"文化传承"与"融合创新"的继承性创新

人物造型设计是"文化传承"与"融合创新"的结合，是在艺术手法上的拓展和扬弃，要在前人的基础上进行继承性创新，顺应多元化的社会发展趋势，不断吸纳多种元素，在发展与变革中不断前行。

本书针对现阶段本科生"人物造型设计"课程中的难点"文化传承"与"融合创新"（即"实"与"虚"）的继承性创新方法加以梳理，并进行阶段性总结。归纳出一些规律和方法，帮助学生更有效地掌握继承性创新的方法，更好地促进我国戏剧影视美术设计的快速发展。

二、关于教学重点

1. 对角色的深入分析——拟写人物小传

人物造型设计师应该具备一定的文学修养。文学是各艺术门类的滋养源，人物造型设计师通过分析剧本、拟写人物小传来提高艺术敏感度，激发想象力，让脑海中的角色形象及场景形象逐渐清晰，这是使艺术创作具有生动性和独特性的重要环节。

这个环节也是在"文化传承"与"融合创新"辩证关系基础上进行继承性创新的基础工作。拟写人物小传的目的是根据剧本提供的角色形象、导演的总体构思、演员所具备的外在条件，通过人物造型设计师的

感受进行细致、具体的分析，为下一个阶段的创新设计打好基础、做好铺垫。

这个环节的教学任务主要是训练学生对剧本中角色的定位有一个准确的把握。因为所有的创作都必须以剧本为依据，通过剧本了解角色所处的时代、生活的环境，以及角色的年龄、身份、境遇、心情等信息，并对其进行深入的分析，做到准确把握角色的定位，从字里行间体会编剧和导演的意图。

2. 人物造型的设计呈现

人物造型设计要尊重历史、还原历史的真实性，这样的"文化传承"非常重要；人物造型设计要时刻关注艺术思潮的变化、国际时尚资讯的走向，把握艺术脉搏，并把它们融入自己的创作中去，还要重点强调在人物造型设计中加入一些自己独到的设计元素，创造出一种国际化的、大气的、属于自己风格的人物造型，这是人物造型设计中"融合创新"的具体体现。如何把握"文化传承"与"融合创新"的比例关系，如何在尊重历史与适应现代审美的辩证关系中继承性地创新，是我们在这个环节中需要解决的问题。

每个角色的气质、性格、身份、生活环境等因素都是不同的，每个人物造型设计师对剧本和角色的理解也是不同的，要想设计出经典的人物造型，人物造型设计师的想象力和艺术品位是非常重要的，因为人物造型设计对于角色的塑造、剧情的推动至关重要。人物造型设计需要不断变化、尝试，因此，人物造型设计师要有能力来判断和分辨设计的好坏。当然，在这个过程中会遇到很多困难和挑战，要想尽办法把困难转化为经验。这需要注意 3 点：一是要注意角色形象的整体构思，要以剧本为主，艺术加工为辅；二是从整体到细节创新设计人物造型；三是要尊重史实、尊重观众、尊重经典表演，在稳中求变。

3. 人物造型设计中的图案和材料选择

在人物造型设计中，往往涉及大量的图案设计，而这些图案的设计往往关乎整个人物造型设计的成败。人物造型各部位图案的多少、大小、位置、色彩搭配与材质的选择，是人物造型设计中不可忽视的部分。需要注意的是，常规的图案设计仅仅是设计了一个好看的图案，并没有考虑与人物造型相结合的问题，这样就形成了所设计的图案与人物造型之间的严重脱节，造成了图案设计针对性的缺失。材料的创新应用有望赋予人物造型设计新的灵感来源与创造性的表现形式。在设计时，我们要注重服装用材料和非服装用材料的合理搭配，通过材料的混合应用创造出不同的肌理效果，以达到传统材料难以企及的视觉效果。

三、关于作业训练

本书注重课题训练的教学研究和设计实训，除了第八章外，在各章末统一安排了思考题和作业，通过理论概念和实践操作的密切结合，帮助学生及时消化所学习的内容。

本书的最后一章是学生作业赏析，根据教师布置的参考剧目进行人物造型设计实训：其一，介绍所选角色的人物小传；其二，根据所选角色的场次、环境、时间、剧情、动作等要素对角色进行造型设计，并完成设计效果图；其三，要对所设计的一系列人物造型进行最后的调整工作，要求在设计风格、材料选择、图案搭配等方面进行调整，使整部作品的人物造型设计风格统一，符合剧本和导演的要求。

四、建议课时安排

一般实行每周 20 学时制，4 周共 80 学时，部分院校的课程安排是 4 周 64 学时。本书的前七章涵盖了人物造型设计的基本知识点，可作为课程教学和实训内容，而第八章可供学生课后学习与欣赏。

五、关于版权

书中所涉及的影视作品图片，仅作为教学范例使用，版权归原作者及著作权人所有，在此对他们表示真诚的感谢！

2022 年 8 月

资源索引

目 录

第一章
人物造型设计概述

目标

了解人物造型设计的分类。

掌握人物造型设计的功能和原则。

了解人物造型设计的步骤。

掌握获取人物造型设计灵感的方法。

要求

知识要点	能力要求
人物造型设计的特点	（1）掌握人物造型设计的5个特点 （2）了解技术性与艺术性的统一
人物造型设计的功能和原则	（1）了解如何再现剧中人物，定义情境 （2）了解如何强化视觉美感，拉近演员和观众的距离 （3）掌握人物造型设计的原则
人物造型设计师应具备的基本素质	了解人物造型设计师应具备的5种基本素质
人物造型设计的步骤	（1）了解人物造型设计的操作流程 （2）掌握人物造型设计的注意事项
人物造型设计的灵感来源	掌握获取人物造型设计灵感的方法

党的二十大报告提出："教育是国之大计、党之大计。培养什么人、怎样培养人、为谁培养人是教育的根本问题。"人物造型设计作为戏剧影视艺术表演过程中直观的视觉元素，是戏剧影视艺术视觉体系中的重要组成部分，不仅能够给观众带来视觉上的美感，还具有一定的审美价值。因此，人物造型设计的学习对于提高戏剧影视作品的审美水平有重要的意义。

第一节 关于人物造型设计

一、人物造型设计的定义

人物造型设计是塑造角色外部形象和精神气质的艺术手段。人物造型设计是指戏剧影视作品通过妆容（面妆和发型）、配饰、服装等艺术手段塑造出的角色外部形象，也指戏剧影视艺术表演中，塑造剧中角色的外部形象，表现其精神气质的艺术手段。通俗地讲，人物造型设计是指使用造型手段将剧本中角色的社会属性、性格特征及心理状态等内在因素外化表达。在戏剧影视作品中，如果没有人物造型设计融入表演，演员不可能成为剧中的人物，只有将演员与人物造型设计相结合，再通过演员的表演，才能塑造出个性鲜明、令人难忘的角色形象。

二、人物造型设计的分类

1. 按角色属性分类
可以按角色的性别和年龄属性分类：按角色的性别可分为男性造型设计、女性造型设计；按人物的年龄可分为老年造型设计、中年造型设计、青年造型设计、少年造型设计；等等。

2. 按角色职业分类
按角色的职业可分为空姐造型设计、服务员造型设计、职业白领造型设计等。

3. 按角色作用分类
按角色在作品中的作用可分为主要人物造型设计、次要人物造型设计、群众演员造型设计等。

4. 按作品叙述的时间分类

按作品叙述的时间来分类：古代作品中有远古、上古、中古人物造型设计；近代作品中有十八九世纪的人物造型设计；现代作品可以分为 20 世纪、第一次世界大战时期、第二次世界大战时期的人物造型设计；当代作品中的人物造型设计，以及未来时代尚未产生的人物造型设计。

5. 按作品的类型分类

按作品的类型分为喜剧片人物造型设计、动作片人物造型设计、歌舞片人物造型设计、战争片人物造型设计等。

戏剧影视作品中的人物造型设计是专为角色服务的，与角色的年龄、职业、身份、性格、民族等，以及角色所处的时代、地域等有着密切的关系，同时还与作品的类型、题材有着很大的关系。

三、人物造型设计的特点

1. 实用性

人物造型设计的实用性与人们日常打扮的实用性概念是完全不同的。对人们日常打扮而言，实用性是指物美价廉、符合主观意念、工艺讲究、妆容时尚、服饰穿着舒适等。人物造型设计的实用性除包含以上部分因素外，主要体现在改变演员外形、协助演员完成动作、为角色形象润色等方面。人物造型设计对演员外形改变的标准是以最大限度地贴近角色的外部形象、弥补演员本身形象与角色之间的差距为基础的。另外，人物造型设计的实用性还包括协助演员完成演出动作。因为演员在表演中不是静止的，而是在一定的表演空间中移动的。人物造型要在设计上注重肢体部位的处理，不得妨碍演员行动。例如，动作片中经常出现的打斗场景或者歌舞片中的舞蹈场景等，要求人物造型必须协助演员的表演（图 1-1）。

图 1-1 片段

图 1-1 叶锦添为影片《风声》中黄晓明饰演的军人设计的造型。演员本身的气质较为秀气，与军人彪悍的特征有一定的差距，叶锦添在人物造型设计中特意为他加入了一个胸垫，使演员的整体造型看起来更接近角色的设定。

2. 艺术审美性

戏剧影视艺术是一种极具创造性的视觉文化，其生产与传播符合主观思考与创作的需要，体现着个性化的意志。从这一意义上讲，戏剧影视文化更多地蕴含艺术性的特质，以艺术化和图像传播的方式实现人类的审美体验。人物造型设计通过艺术方式刻画角色形象，传达审美情感，实现艺术审美性，使观众得到心理上的情绪感染和艺术上的审美享受，在审美体验中逐渐提高审美水平（图1-2）。

图1-2 电影《加勒比海盗》为我们打造了多种多样的人物造型风格，有哥特式风格的三角帽、风味浓郁的亚洲风情服饰、巴洛克时期华丽的内衣，以及各种夸张的珠宝配饰等，无不展示着角色独特的审美形象，营造了极具欣赏性的视觉效果。

图1-2 片段

图1-3 片段

图1-4 片段

图1-5 片段

3. 表意象征性

人物造型设计的表意象征性要从主、客体两方面理解。作为主体的人物造型设计是将"可看性""可演性"进行了生动的展示，人物的相貌、性格、虚拟的结构与色彩构成了各种各样的形式意味；作为客体的观众也有对演员外部形象的心理沉淀。人物造型设计的表意象征性就是主、客体对演员造型共同的心理积淀与评判，而且最终都会反映在人物造型上，对揭示角色有独特的效果（图1-3）。

图1-3 在影片《泰坦尼克号》中，女主角露丝展示了不同场合的造型、职业造型、生活造型、晚宴造型等，她的每一个造型都是那么耐人寻味，给影片增加了无数的亮点，展示20世纪初的英伦风尚，进而告诉观众露丝的贵族身份等信息。男主角杰克的造型多以背带裤和衬衫为主，色彩偏单一，款式比较简单，没有像露丝的造型那样高贵。这样的反差直接反映了影片谈论的是两个社会地位不同的人在如此重视阶级观念的泰坦尼克号上发生的恋爱故事。

▶图1-5 电视剧《大明宫词》中的人物造型相对历史进行了简化处理。设计师叶锦添对唐朝的历史、壁画、仕女图等，都做了借鉴参考，尊重历史并进行了简化。将唐朝服饰的某些突出元素，比如露肩等糅合进来，借用现代服饰面料的多样化表达功能，既迎合了当今时尚的审美意趣，又与剧中繁冗华丽的台词相得益彰，打破了以往古装剧人物造型的程式化、戏剧化、脸谱化的传统做法，令人深切地体会到一种穿越时空的魅力。

4. 历史再现性

取材自史料的人物造型设计不可避免地带有历史再现性特征。再现的内容包含特定的时代背景、民族文化及性格特征等。承载着这些含义的人物造型设计将在表演中完成角色扮演的功能，同时还会使观众产生强烈的信任感（图1-4）。

图1-4 《鹤唳华亭》是一部虚构的架空具体历史时代的古装电视剧，但整部剧的人物造型高度还原了宋朝时期的样式。在太子冠礼仪式上，一排一排的饰品呈现，如玉珠九旒、素纱中单、五章玄衣、九章纁裳、玉带等，但在整体风格的处理和色彩的搭配上却尊重了现代的审美要求。

5. 技术性与艺术性的统一

人物造型设计应该是顺应时代发展变化，契合时代对消费文化内涵的高需求产物，如何在尊重历史与适应现代审美的辩证关系中找到人物造型设计的表达方式，是我们急需解决的问题。

人物造型设计要尊重历史、还原历史的真实性，这非常重要，但随着新时代的到来，人们的思维、理念、表达以及创新的承载方式发生了变化，这样的变化使得高度还原的人物造型作品不能满足观众的审美需要。所以，我们要在想象力不受约束、不违背历史、符合多元化的现代审美需要的前提下，顺应多元化的发展趋势，不断吸纳多种元素，在创新中不断前行。

四、人物造型设计的传统与时尚

作为人物造型设计师，我们要做的设计不是重复历史，而是要以现代人的眼光看从前。人物造型设计务实非常重要，但务虚更重要，它是品位的渊源，要立足于现实又超越现实，人物造型设计正是虚实结合的完美体现，只有这样才能被大多数观众所接受。在现代戏剧影视作品中，人物造型设计不再过多地强调外形的相像，而是主要以美化为目标进行创作，在形式上逐渐从现实主义转向表现主义，传统的结构法则开始被打破，设计的元素重在追求精神的道路、精神的目标、精神的意义。

创造艺术形象主要以呈现本质和体现主题为前提。同时，作为独立的艺术形式，人物造型设计应当在艺术表现手段上有新的拓展和扬弃。要在前人的基础上不断创新，更好地把"表"与"里"的文化传承与融合创新结合在一起，用现代时尚元素对人物"表"象加以革新，大胆运用各种材料、样式和艺术手段来充分表现人物形象的"里"（内在特征或神韵），以创作出符合时代潮流和大众审美需要的艺术作品。

五、人物造型设计的功能

1. 再现剧中人物

人物造型设计的再现是指人物造型设计具有还原剧本所指代的时间、空间与角色的作用，是角色外在形象的物化，是设计师将生活中的本体形象，以接近的或相似的喻体造型元素进行替换，以喻体的造型明示与本体之间的相似关系。人物造型设计的再现功能体现在再现时空环境、回顾历史，展现角色的身份地位，再现角色性格等方面。

（1）再现时空环境、回顾历史。

人物造型设计被赋予了独特的文化意义，人物的造型变化在一定程度上反映出社会的发展。任何人物造型都是特定时代的产物，无不被打上时代的烙印。人物造型设计的前提条件就是要符合作品人物的身份、性别、性格、气质、国籍、地域等，通过独特的造型语言，表现鲜明的人物性格特征、塑造生动的角色形象、体现地域特色与时代精神（图1-6）。

不仅如此，在很多奥斯卡获奖作品中，对于人物造型所赋予的文化意义，往往能够代表影视作品内容所选择的特定时期，并借助化妆、服装、发型等多种要素注入有关该时期政治、经济、文化等各种各样的信息。将这些人物造型设计运用在不同的影视作品中，就会巧妙地形成一种文化象征，从而映射某种深层含义。人物造型设计不单单是历史的重现，更是一种时代的象征，富含导演对于某个时代或某种思想表达的期望。综上所述，角色的不同造型在观众了解导演思想和影视内涵等方面，有着不可替代的深刻意义（图1-7）。

（2）展现角色的身份地位。

人物造型作为最直观的形象化特征，能在短暂的时间内向观众传达与戏剧影视作品相关的角色信息。戏剧影视作品的人物造型在很大程度上影响着观众对于剧中角色的身份、地位、性格及贫富差异的认知。根据戏剧影视作品风格和剧情的需要，角色可以是地球人，也可以是外星人；可以贫穷，也可以富有；可以美丽，也可以丑

图1-6　电影《艺伎回忆录》的服饰以大正（1921—1926）及昭和（1926—1990）年间的式样为蓝本，包括和服、和服的衬衣、连趾袜等。

图1-6 片段　　　　图1-7 片段

图1-7　电影《夜宴》的故事背景是五代十国，对于人物造型设计，虽然设计师在一定程度上遵循了历史记载，人物的形象及装饰等基本上都符合五代十国的特点，但是，人物造型设计师还是发挥了自身的主观能动性及想象力，没有过分拘泥于历史。

恶。时间可以是古代、现代，也可以穿越至未来；通常情况下，人物造型风格需要迎合戏剧影视作品的风格，通过各种人物造型的呈现，让观众很容易地接受并认同这种差异化的外部形象。在戏剧影视作品中，人物造型作为一种符号，它向观众清晰地展现了剧中不同角色的特征，它对角色信息的象征性作用使角色变得立体生动。它使观众很容易从精心设计的角色造型中得到某种角色的暗示。人物造型作为角色演出中的支持物之一，不仅能够以最直观的形式呈献给观众，还能够有效地带领观众进入导演精心营造的某个角色的内心世界，对于提高影视作品的表现力和感染力，有着重要的意义（图1-8）。

因此，人物造型设计师必须在反复研究剧本后，根据导演对剧中不同人物造型提出的要求与建议，努力探寻人物造型的设计定位，从而设计出符合剧中角色身份地位的人物造型。

（3）再现角色性格。

人物造型的变化可以表达角色的内心情感、性格特征及潜在意识，从而再现角色的性格。所以，人物造型设计师在充分了解角色特点的同时，更应深刻理解人物造型在戏剧影视作品中所表现出来的人物性格。

人物造型设计再现角色性格分为直接再现和间接再现两种情况。

① 直接再现。在当代影视作品中，利用人物造型设计手法直接展现角色性格的手法仍然得到广泛运用（图1-9～图1-11）。

图1-8 片段

图1-8 电视剧《鹤唳华亭》中的每一套服饰与妆容都在尽力展现中国古典生活风貌，通过严格的服饰设计带领观众一探古典服饰美学。苗圃饰演的赵贵妃的造型颇具看点，虽然服饰素淡，但其佩戴的白玉簪、金发钗、珍珠头饰等依然彰显着她尊贵的地位。

图1-9 片段

图1-9 电影《卧虎藏龙》中玉娇龙早期的造型设计反映了玉娇龙是一个没有自由的大家闺秀。

图1-10 片段

图1-10 这时的造型设计反映出玉蛟龙向往自由自在，有一个江湖梦。她学会武功之后，尽管不想被束缚，却承载不了真正自由的矛盾心理。

图1-11 片段

图1-11 玉蛟龙找到目标之后的造型设计，表现了玉娇龙的自信和坚毅。

② 间接再现。角色性格是指以人物造型作为载体，随着剧情的起伏和发展，暗示剧中角色的命运变化。人物造型设计的角色性格再现是形象与意义的高度统一，是设计师以联想的方式找到能够引起观众共鸣的象征载体，从而追求内心"最高的真实"（图1-12）。

2. 定义情境和营造氛围

在戏剧影视作品演出的过程中，演员通过精心设计的人物造型更加准确地表达出所演角色的社会地位、文化水平、生活习惯、经济状况等诸多因素。观众通过精心造型后的演员表演，对角色的性格、情绪、心理变化等产生直观深刻的认识，并通过制作团队所构建的影像感受各种情境的再现，从而达到进入情节，融入氛围的效果（图1-13）。

图1-12 片段　　图1-13 片段

图1-12　电视剧《三国机密之潜龙在渊》中董洁饰演的唐瑛身着华服却眼中含泪，其人物造型将乱世中命运起伏的王妃身不由己却奋力挣扎的无奈尽数展现，透露着"双面王妃"在乱世中想要逆天改命的决绝，展现了角色背负着国家使命与个人命运抉择的多重矛盾。

图1-13　电影《绝代艳后》中，玛丽亚的造型主要分为3个部分。这3个部分随着身份地位的改变而改变，玛丽亚的造型越来越奢华，给观众营造出一种浮华和奢靡的氛围，从而使观众确信故事发生在欧洲封建贵族走向衰败的波旁王朝。

3. 对观众行为产生影响

在观看戏剧影视作品的过程中，会形成一种特殊的互动，这种互动建立在作品与观众的非语言交流上，而并非角色与观众面对面的交流过程。在这个过程中，根据观众自身的特点及核心剧情，作品会对观众产生多种多样的影响。这些影响主要包括两个大的方面。

一方面，人物造型作为一种蕴含导演思想内涵及特定时代要求等内容的符号传达给观众，观众通过人物造型带给自身感官上的刺激，完成对剧情中某些关键内容的构建和把握，从而推动观众对剧情的认识和理解。人物造型刺激的是观众的视觉，其独特的内涵可以引导观众设身处地地触摸剧中角色的灵魂，从而加强对角色的认识及其思想、感情、情绪等变化的理解。

另一方面，人物造型设计往往会在一定时期内带领大众时尚流行的趋势，满足人们对于时尚的需求（图1-14、图1-15）。通过时尚的服饰、新颖的妆容，或者是鲜艳动人的色彩，吸引观众的目光，最后产生对角色造型热捧追随的行为，希望能够通过模仿打造更好的自己。随着时代的发展及科技的进步，越来越多成功的人物造型直观地呈现在观众的眼前，开始逐渐影响时尚流行趋势，在带给观众作品本身内容的同时，也带来了美轮美奂的视觉效果。

图1-14 片段

图1-14　电影《罗马假日》中奥黛丽·赫本的俏丽短发，发梢微微向上翘起，再加上简洁的罗马式露趾凉鞋，成为19世纪50年代欧洲的时尚经典。

图1-15　电影《爱丽丝梦游仙境》中，迪士尼中国区授权商 ebaseprincess（伊贝丝）为爱丽丝迷带来了以电影为主题的独特服饰。

4. 人物造型设计构建文化价值

（1）英雄文化。

以超人、蝙蝠侠和蜘蛛侠等虚构的西方娱乐文化创造的英雄为例。他们可以被称为标志性的人物造型，在社会中深入人心（图1-16～图1-18）。

（2）享乐文化。

20世纪三四十年代，随着社会经济的复苏，人们对严肃节俭型的传统文化感到厌倦，对享乐文化的向往，造就了性感明星辈出的时代，可以说，明星性感的装束是享乐文化的社会产物。

（3）女权文化。

影视作品中，不少有武功的女性形象大受欢迎。这些气势强悍、步伐坚定的铿锵玫瑰，执着秉持"我们可以比男人更强"的信念。在女权主义高涨的今天，她们的形象之所以深受女性欢迎，主要是这种形象背后隐含了女性独立自主的信念（图1-19～图1-22）。

图1-16 片段

图1-16　电影《超人》中，超人身穿宝蓝色紧身弹力衣，肩披大红色斗篷，胸前衣服上印着一个黄底红色的字母"S"。套在紧身衣之外的红色短裤，暗合着当年摇滚歌星麦当娜的内衣外穿风潮。

图1-17 片段

图1-17　电影《蝙蝠侠》中，蝙蝠侠是一个具有英雄主义幻想的人物形象，人物造型的特点就是紧身面料的使用，既可以突出他希腊雕塑般完美强健的身躯，又可以有效烘托出英雄的高大形象。其配件的高科技含量，也成为创造英雄的设计手法之一。

图1-18 片段

图1-18　电影《蜘蛛侠》中，蜘蛛侠的整体造型采用仿生设计手法，借鉴蜘蛛网的结构形态作为装饰，服装采用高科技面料，蜘蛛侠的眼部采用暗色反光的太阳镜片制成。

图1-19　电影《卧虎藏龙》中俞秀莲典雅从容，虽为女子却自有轩昂气度，历尽江湖险恶的她，早已看淡了名利与繁华。人物造型最终选择了稍微向上翘起的发髻，搭配几乎没有花纹、宽腰大袖的素衫，把俞秀莲庄重、沉稳、隐忍而极富担当的女侠做派表现得淋漓尽致。

图1-20 片段

图1-20　电影《钢铁侠》中的黑寡妇。　　图1-21　电影《杀死比尔》中的女杀手。

图1-21 片段

图1-22 片段

图1-22　电影《古墓丽影》中的劳拉、《史密斯夫妇》中的史密斯夫人，对她们来说，女性的柔美只是装饰，干脆利落的身手才是本质。紧身衣、工装裤是她们的主要服装，火箭筒、机枪、子弹夹、匕首等配饰不仅装点着她们的形象，而且具有实用性。

六、人物造型设计的原则

人物造型设计要坚持以下几点原则。

1. 发展个性、坚持本心

个性是当今社会中生命力的体现，也是创新的活力源泉，所以很多人物造型设计都注重个性的体现，尤其是人物服饰类型、化妆技巧的体现。人物造型设计随着时代的变迁而不断变化，通过改变来满足社会的需求。在实际创新发展过程中，必须坚持传承经典的艺术核心。

2. 整体化和多样化发展

社会经济的发展推动了艺术的发展，对艺术的要求越来越高，使艺术从单一性发展趋向于多样化发展，为人物造型设计的创新发展奠定了良好的基础，有利于形成整体化的发展目标，为观众呈现视觉盛宴。通过人物造型设计，能够将演员的心理进行细致丰富的展现，使观众充分感受戏剧影视艺术的魅力。此外，人物造型设计的多样化发展，不仅可以打破传统表演的弊端，还能融入现代化的艺术特色，让观众体验到丰富多彩的表演艺术。

3. 要强化视觉美感，拉近演员与角色的距离

对人物的造型进行设计，不仅能达到修饰的作用，还能满足角色的需求，使演员与所表演的角色相贴近，更好地投入表演环节。

4. 要填补演员的形象缺失

戏剧影视作品的表演取决于演员的表演能力，演员的神态和长相只是一部分，如果演员的外在形象不符合其所扮演角色的性格及特征，可以借助服饰和化妆进行填补，尽可能延伸演员的表演潜力，提高表演的表现力。

5. 要优化表演效果

在演员表演过程中，符合角色的人物造型设计能使演员快速入戏，有效带动观众的情绪，使其被演员的造型所感动，快速进入戏剧影视作品所表现的情境中。

第二节　人物造型设计师应该具备的基本素质

一、具有扎实的绘画功底

人物造型设计师首先应具备较强的绘画能力，通过训练掌握尽量多而实用的表现技法，以便将自己的设计构思顺利地表现出来。当然，绘画能力的培养和提高绝不可能仅通过一种训练方法就能实现。除了基本的绘画训练之外，还应该采用相对独立的训练方法，使人物造型设计师掌握与自身专业相符合的技能和技法。人物造型设计师应有较强的速写能力，对人物造型和动态比较敏感，同时具有较强的装饰和创作能力，对不同的人物类型具有较强的归纳和提炼能力。

二、具有深厚的文学素养

人物造型设计师应该是一个具有较深厚文学素养的人。文学是各门类艺术的滋养源。通过阅读文学作品，设计师不但可以陶冶心灵，提高艺术敏感度，而且可以激发想象力，以此来训练形象思维。当人物造型设计师沉浸在文学作品那如泣如诉、壮怀激烈的故事情节中时，各种人物形象就会活生生地显现在脑海中，呼之欲出。在感受文学作品魅力的同时，人物造型设计师出于职业及专业的思维习惯，人物形象及场景会逐渐清晰起来。当然，这要视每个人的具体感受而定。面对同一个文学作品人物，不同的人会有不同的形象感受，创作的人物形象也有所不同，这恰恰是艺术创作具有生动性和独特性的原因。

三、具有良好的沟通能力

人物造型设计师在开始设计时就要和导演进行沟通，了解导演对这部戏剧影视作品的创作意图，了解导演的创作思路，时刻记住自己的任务是尽自己最大努力把导演所要表现的艺术感在人物造型中表达出来。同时，了解每一位演员对自己所扮演角色的看法，与艺术总监、设备师、灯光师及导演进行交流，厘清思路并进行汇总，画一些草图，看是否能够体现导演所要刻画的人物性格，并与导演进行反复沟通，直到最后定稿。

四、具有做好资金预算的能力

任何一部戏剧影视作品都有资金方面的预算，资金预算需要考虑到作品呈现的各个环节，人物造型设计的预算就是其中的一部分，这决定了角色造型中各个部分的成本投入。人物造型设计师要考虑哪些需购买，哪些可以租用，在预算有限的情况下，思考如何统筹才能达到最好的效果。

五、具有设计想象力及艺术品位

每个演员的气质、性格都是不同的，每一个角色的造型也千差万别，要想设计出经典的人物造型，人物造型设计师的想象力和艺术品位是非常重要的，因为人物造型设计会对角色的塑造、剧情的推动产生至关重要的影响。人物造型设计不能一成不变，需要不断变化、尝试。人物造型设计师要有能力来判断设计的好坏，当然，在这个过程中会遇到很多困难，要想尽办法克服困难，力求让人物造型达到完美效果。

六、具有艺术融合能力

艺术的各个门类都是相通的，人物造型设计师要时刻关注艺术思潮的变化、国际时尚潮流的走向，把握时代脉搏，把它们融入自己的创作中去，并能够在人物造型设计中加入一些独特的设计元素，创造出一种国际化的、属于自己风格的人物造型。

第三节 人物造型设计的步骤

人物造型设计是一项创造性的精神劳动，它是根据剧本提供的人物的文学形象、导演的总体构思、演员所具备的外在形象条件等，通过人物造型设计师自己的感受，对剧中角色的外部形象所进行的造型设计。角色的塑造有自己独特的形式和更丰富的内涵与方法。人物造型的过程必须经过设计步骤到设计技术的过渡，从而达到设计的技术性和艺术性的统一，最终呈现给观众一个符合时代潮流和大众审美需要的艺术作品。

一、人物造型设计的操作流程

1. 认真研读剧本
剧本是一剧之本，所有的创作都必须以剧本为依据，人物造型设计更是如此。人物造型设计师通过剧本了解故事情节，把握角色造型和基调的定位，从字里行间体会编剧的意图。

2. 分析剧本

人物造型设计师查找或判断剧本的时代背景，故事所发生的年份（哪一朝代、哪一年、哪一月、哪一天……）；地点（国家、城市、农村、北方、南方、具体的某一区域）；时间范围（早晨、中午、傍晚、午夜）；剧中有多少人物（主要人物、带台词的人物、群众演员）；剧中有多少场戏（室内、室外、宫廷、战场、会议、野餐、劳动场面等）；剧中有多少镜头，是否有特殊要求的特写镜头；等等。

3. 分析角色与角色之间的关系

人物造型设计师首先要分析主要角色，如主要角色有几场戏，什么戏；大概有什么变化，如年龄的变化、身份的变化、心情的变化、境遇的变化等；总共需要几种人物造型。其次要分析角色关系，如主要角色之间的关系、主要角色与次要角色之间的关系、主要角色与群众角色之间的关系、次要角色之间的关系、群众角色之间的关系等。

4. 拟写人物小传

人物小传包括角色的出生年月、成长阶段环境和在环境中的状态等，方便人物造型设计师对角色有一个清楚的认识。

5. 体验生活，查阅资料，搜集素材

如果说剧本是人物造型设计师所熟悉的现实题材，那么，人物造型设计师本身的生活就是一种体验。历史题材的剧本，搜集资料非常重要，文字的、图片的、类似题材的作品等都要搜集。如果是少数民族或国外的剧本，条件允许的话应该深入他们的生活中去认真体验，取得第一手资料及生活素材。

6. 总体构思

当一切准备就绪后，人物造型设计师就可以进行人物造型的总体构思了。在此基础上先构思主要角色，再构思次要角色，可以画设计图，也可以写成文字，还可以借助计算机辅助设计软件设计出人物造型的设计方案。

7. 与导演沟通

人物造型设计师谈自己对剧本的认识及独到的见解；谈在人物造型设计方面对剧本中角色之间关系的理解；谈剧中角色形象总体设计风格及每个主要角色个性色彩的造型设计依据；等等。

8. 与主要演员交流

人物造型设计师一定要与主要演员进行交流，这是一个观察、了解演员的过程。这种相互了解与沟通，非常有利于人物造型的准确设计。

9. 与其他部门交流

一个完美的人物造型设计方案涉及多方面因素，所以绝不是一个人能够完成的，它属于综合艺术。人物造型设计师必须考虑到作品成功的诸多因素，包括找摄影师谈拍摄的总体风格与人物造型设计之间的关系，以及在表演和拍摄当中可能遇到的问题和解决方案；与灯光师、美术师交流，谈人物与美术设计场景色调的关系，角色在场景中是否突出或太跳跃，以及灯光与角色造型的关系等。如发现不妥之处，应及时进行调整。

10. 人物造型设计的创作阶段

设计图或文字稿只是案头工作，到成品还有很长一段距离。人物造型需要一个完美的设计，还需购买化妆材料、面料、辅料、制作配饰的零部件等。这一切准备就绪后，人物造型设计师就可以根据人物造型设计方案进入创作阶段了。

二、注意事项

1. 注重角色形象的整体构思，要以剧本为主，艺术加工为辅

人物造型设计是以作品的剧本为前提的，在人物造型设计工作中，应该对角色的形象特征进行考虑，认真研读剧本。在设计人物造型之前，人物造型设计师要认真阅读剧本，详细分析剧本的整体发展脉络与时代背景，严格按照剧本要求进行设计，与导演和演员做好沟通，确定最适合剧中角色形象的造型，使演员的造型最大化地符合剧中的角色形象；深入理解扮演者和角色的特点，在展现剧本内容和角色整体构思的同时，实现艺术的升华。

为了保证作品的艺术性，还要对人物造型进行艺术加工，思考如何通过提高人物造型的艺术美来提高剧本的艺术美，实现剧本和艺术的有机结合。人物造型设计师进行人物造型设计时，不能片面地考虑形象的美丑，而要综合考虑人物造型的整体效果，注重角色价值的诠释和本身的意义，充分塑造角色形象，使其完全融入表演中。另外，人物造型设计师应该增强自身的见识与修养，灵活运用设计理念与技巧，根据剧本灵活设计造型样式，使角色具有鲜活的生命力。

2. 从整体到细节创新设计人物造型

在设计人物造型时，要遵循从整体到细节的原则，首先从整体上确认人物造型设计的大方向和总布局，为之后演员表演时使用的灯光和道具等提供参考依据；然后从细节上思考如何完善人物造型的设计工作，不管是化妆、服饰还是道具，都要竭尽全力、考虑周全，尽量做到极致，为进一步的设计奠定基础，体现人物造型设计的真实度和艺术美。

3. 尊重史实、尊重观众、尊重原始表演，稳中求变

人物造型设计不能为了追求所谓的艺术美和博取观众眼球，就不尊重史实和现实胡乱

设计，戏剧影视作品在一定程度上是在引导和教育观众。因此，一定要坚守尊重史实、尊重观众的原则，设计出符合史实、符合现实的人物造型。也不能一味模仿，而是要稳中求变，在尊重原始表演的前提下寻求突破。

4. 注重角色内在和性格的体现，增强不同角色造型之间的对比

人物造型设计师在开展设计工作时，应该对演员自身的特点进行深度挖掘，使演员与角色充分融合，有效塑造演员本身的形象。当然，在人物造型的整体设计过程中，必须实现创新，根据时代发展需求，将演员的心理活动进行细腻的展现。为了更好地突显作品中的角色形象，可以在前期思考设计造型时适当增大不同角色造型之间的反差和对比。

第四节　人物造型设计的灵感来源

一、人物造型设计灵感来源于剧本要求

人物造型设计主要为戏剧影视作品服务，而角色的塑造与剧本的关系最密切，剧本塑造的角色都有自己的生活背景，也各有自己的性格特征，有的朴实、有的世故、有的贫穷、有的富有，这些角色特点都会从他们的人物造型上体现出来。人物造型设计师首先要精读剧本，准确把握剧本的主要矛盾和中心思想，才能对作品的整体基调有一个精准解读，这也是人物造型设计灵感的主要来源。

一个有修养、爱整洁但生活拮据的人，他即使穿着旧衣服，那衣服也是干净的，衣服颜色与身份也是相称的。一个富有但素质不高的人，虽然着装华丽，但很难避免艳俗。这就需要人物造型设计师认真分析剧本中角色的特点，从中汲取灵感。

二、人物造型设计灵感来源于时代背景

人物造型设计要尊重时代背景，将其作为人物造型设计灵感的重要来源之一。按照作品题材内容的划分，人物造型设计师首先要考虑的设计因素是不同的时代背景决定不同的角色造型特点。

对于历史题材戏剧影视作品的人物造型设计，设计师可以通过查阅史料及文献，参考

该时期的人物史料记载、壁画等，根据剧情所描写的具体时代深入研究所处时代的服装款式、化妆方法、色彩、配饰造型及纹样等，在这个过程中，设计师可以不断地从中汲取灵感。

现代题材的作品相对来说要简单一些，因为是现实生活，对于角色的服装有章可循，在设计时可以大胆创新，如果创新适当，还会引领新的时尚潮流。

超现实的作品，指的是魔幻类、玄幻类及表现未来的科幻作品。这些人物造型无历史参考资料，需要设计师进行大胆想象，像一些魔幻类、玄幻类作品，故事背景往往是发生在远古时代，虽然无资料可参考，但远古毕竟文明程度不高，服装在款式和材料上要简朴得多，太过华丽反而失真。

三、人物造型设计灵感来源于所处地域

地域特点包括剧情发生的大的地域环境，也包括剧中角色生活的具体环境。地域环境对人物造型的设计有很大的限制，人物造型设计师需将符合特定地域人群的审美理念、生活习俗、鲜明的地域性传统文化与服饰要素进行融合。人物造型设计需要清楚交代角色所处的环境及角色的身份，起到烘托时代气氛、构建真实场景的作用。因此，研究不同地域的人物造型特征，尤其是具有地域鲜明特征的人物造型，也是设计师重要的灵感来源之一。

四、人物造型设计灵感来源于对角色心理变化的把握

人物造型设计除了表现角色形象之外，还有一种功能是体现角色的情绪变化。人物造型设计师必须准确把握角色的心理变化，并从中汲取灵感。例如，影视作品中如果表现一个女人的变化，从少女到少妇再到历经磨难后的妇女，这些变化都可以通过不同的人物造型体现出来。少女时期应该是充满活力的，在角色服饰颜色与化妆造型上都要体现这一点；而婚后，少女就会变成含蓄内敛的少妇，在服饰造型和妆容上就会变得稳重；当这个女人遭受家庭变故时，她的服饰造型和妆容就会变得沉重并不修边幅。相反，一些原本纯洁的少女因为堕落成为风尘女子，她的造型也会变得大胆开放。

因此，人物造型设计是对整个剧情和主题的诠释，这就要求人物造型设计师在设计之前对剧本的剧情、脉络、主题、结局及每一个场景都有整体的、准确的把握，明确剧本所描写内容的历史背景和时代特征，确定剧情发生地的地域文化和民俗特征，再结合具体的故事情节来确定人物造型的基调和风格。人物造型设计师要具备较强的审美能力、艺术鉴赏能力和对时尚的前瞻性，以及对所描述历史时期的深刻了解，这样才能更准确地把握全剧的主要矛盾和情节，以便对全剧的人物造型做整体的设想和规划。

另外，对人物造型的具体设计要从整体的角度进行构思，要对作品中的每个场景、每个角色的造型都有具体的设想，将理性的思考与设想过渡到具体感性的人物造型设计上。

思考题

1. 人物造型设计的意义有哪些?
2. 人物造型设计的功能有哪些?
3. 什么是人物造型设计? 人物造型设计的原则是什么?
4. 人物造型设计有哪些特点?
5. 人物造型设计师应该具备哪些素质?
6. 人物造型设计的步骤有哪些?
7. 人物造型设计的作用是什么?

作业

根据教师所给剧本，搜集同类型影视剧中与此剧本相符的 2 个人物。
要求: 图片、PPT 展示均可，图片尺寸不小于 210mm×420mm。

第二章
历史题材人物造型设计

目标

掌握历史题材人物造型设计的本质特征和设计原则。

掌握历史题材人物造型设计的步骤。

掌握宫廷人物造型设计的要点。

掌握仙侠人物造型设计的要点。

掌握历史题材人物造型设计的风格。

要求

知识要点	能力要求
历史题材人物造型设计的本质特征和设计原则	了解历史题材人物造型设计的 6 个本质特征及设计原则
历史题材人物造型设计的步骤	（1）了解适度复原，合理创造；骨干复原，血肉创造；主角复原，配角创造的方法 （2）了解创造需遵循的基本原则
宫廷人物造型设计的要点	了解装饰强化、制度严谨、时空鲜明的含义
仙侠人物造型设计的要点	（1）掌握仙侠人物造型设计的构成依据 （2）掌握仙侠人物的造型特点
历史题材人物造型设计的风格	（1）掌握写实表现手法的特征 （2）掌握写意表现手法的特征 （3）掌握写实表现手法和写意表现手法的结合方法

第一节 历史题材人物造型设计概述

一、历史题材人物造型设计的定义

所谓"历史题材人物造型设计"，是指根据历史故事、民间传说及古典小说改编的历史题材戏剧影视作品中的角色造型设计。历史题材戏剧影视作品主要指的是中国清代之前的社会（包括清代在内）；西方文艺复兴之前的社会（包括文艺复兴在内），经过再创作的戏剧影视作品。因此，历史题材人物造型设计主要是指设计这类戏剧影视作品的人物造型。

随着历史题材戏剧影视作品热度的不断攀升，观众对其审美感受的要求也逐渐提高。历史题材人物造型设计具有重要的审美性和功能性，对体现时代背景、丰富作品内涵、提升作品艺术感染力起着至关重要的作用。因此，对于历史题材人物造型艺术的探讨和研究是十分必要的。

传统文化对历史题材人物造型设计有着深远的影响，戏剧影视作品所蕴含的传统文化和人物造型特色，表现在时代背景、服饰文化、民俗文化与戏剧影视文化对人物造型特征塑造的影响。要做好历史题材人物造型设计，一方面要了解该民族的传统文化，重视对传统文化形式的借鉴；另一方面要关注传统文化对现代设计创意的影响，遵循传统审美法则，真正把握好人物造型设计中的传统审美意识，将源远流长的传统文化，包括传统的自然观念、思维取向、思想智慧和造型规律等，进行有效的创新整合。只有尊重传统、结合传统，才能创造出真正具有特色的人物造型设计。

二、历史题材人物造型设计本质特征分析

1. 假定性高于实用性

在历史题材人物造型设计中，我们所能看到的组成人物造型的各部分元素（如服装与配饰本身或化妆的样式等），即使是很小的元素也在传递着某种特定的信息，都在表达一定形式的特征和文化意义。而通过这些信息，观众能够辨别出剧情所处的历史朝代、统治者的民族及人物的身份地位等。可见，人物造型设计在历史题材戏剧影视作品中是一种信息传达的特殊载体，有着文化符号学上的载体意义。

例如，在中国古装戏剧影视作品中，帝王的造型一般都会运用到龙、日月、江崖海水等图案，这些图案汇集在一起则表示人物为真命天子，拥有剧情所处历史朝代当中最高的统治权力。

2. 艺术审美性

在日常生活中，人们受到不同的社会文化影响，会形成不同的审美价值，而审美价值直接影响着历史题材人物造型设计。例如，我国唐朝时的国力强盛，对外文化交流丰富，人们的服饰、妆容和发饰都呈现出大气、线条流畅的风格，尤其是皇室人物的造型，十分雍容华贵，色彩搭配得大胆张扬；在宋代，受到"程朱理学"的影响，人们的服饰、妆容和发饰风格大多内敛素雅，服饰的形制偏向于简约低调。不同环境造就不同的审美习惯，随着历史的发展，这种习惯逐渐形成了种类繁多的传统服饰搭配文化。而传统文化是历史题材人物造型设计创作的基本依据和灵感来源，具有极高的审美价值。人物造型设计师在创作过程中对传统造型进行改良和再创作时，往往会首先考虑当下观众的审美风格和流行趋势，再根据作品的题材进行适当的加减和变化，使历史题材人物造型设计能够更加契合观众的审美习惯，提高戏剧影视作品整体的艺术审美性。

历史题材人物造型设计在传递作品信息时，不仅仅带给观众理性的信息化的内容，还带给观众感性的审美感受。它的艺术审美性直观地呈现给观众充分的视觉享受，让观众的审美情趣在欣赏过程中潜移默化地得到了提升。因此，历史题材人物造型设计的审美价值有着很高的要求，人物造型也已经成为剧中最吸引观众眼球的一道风景，特别是它的艺术审美性，始终是人物造型设计师毕生的追求。

3. 历史再现性

历史是深沉的，它记载了人类的每次进步和变革，而人物造型设计就是承载历史的媒介之一，并且比起文字的记载，服饰、妆容和发饰具有更加生动的视觉形象。尽管戏剧影视作品中的人物造型设计有时并不十分严谨，但已经足以将抽象的历史以具象的形式呈现出来。人类历史中时代的文化背景和历史变革直接影响着人类文明的发展，可以体现出每个历史时期的社会文化和政治制度。所以，在历史题材戏剧影视作品中，人物造型的各种元素——妆容、服装面料、工艺、图案，发饰等汇集在一起，能够非常直观地再现历史，让观众了解和识别剧情发生的朝代。

历史和传统文化是历史题材人物造型设计时取之不尽、用之不竭的思想源泉，所以，其设计的根本必须以尊重历史事实为基础，但也绝不是一味地复制照搬、墨守成规，为了追求真实、还原人物的历史真实性，反而忽略了观众的审美情趣。所以，人物造型设计作为戏剧影视作品的重要元素之一，在设计时需要对其进行艺术的再创造。例如，据史料记载，汉代的服饰色彩以灰色和黄色居多，且服饰的形制十分单一。如果在设计时照搬服饰原本的造型，将无法呈现出良好的视觉画面，对于人物服饰的塑造也缺乏生机，不仅限制了艺术的创新，也有违当下观众的视觉审美习惯。所以，历史题材人物造型设计在尊重史实的同时，也应具备良好的视觉效果，营造契合剧情的场景氛围。在设计时，首先一定程度地还原历史元素，如服饰搭配形制的基础特征和代表各个社会阶层的特殊纹样等；再从现代人的审美观点出发，结合当下观众的审美情趣，充分地发挥想象力，将传统和流行有机地结合起来。

4. 表意象征性

相较于其他类型作品，历史题材戏剧影视作品中的人物造型设计更具有独特的文化象征性，通过传统文化特征，以鲜明的形象呈现给观众更具视觉冲击力的审美感受。比如，在历史题材戏剧影视作品中身穿黄袍者一般为皇帝；身穿黑衣或蒙面者往往为刺客；身穿长袍或佩戴铠甲者通常为将军或武士。总的来说，历史题材人物造型设计的表意象征性其实就是人物造型本身和观众心理的相互作用。

5. 视觉上的距离效应

观众在剧场、电影院或电视上观看戏剧影视作品与在生活中近距离观看是有本质区别的。我们在生活中的日常造型主要讲求服装款式新颖、制作精良，妆容色彩协调、搭配考究等，但历史题材的人物造型与之最大的不同是，为了给观众展现更突出的表演效果，人物造型和色彩上要做相对夸张的处理，色彩也要对比鲜明，强调整体的视觉造型美感，以增强视觉感染力。一般来说，近距离拍摄时，着重展现的是人物肩部和胸部的细节处理；远距离拍摄时，注重人物造型的整体形式效果和色彩搭配感觉，这时观众是看不清楚服饰的局部处理的。所以，历史题材的人物造型的设计一般会在肩部和胸部的制作上花费较多工夫，但整体质量不会像生活服装那样注重面料质量和细针密线的缝制工艺，这就是视觉上的距离效应。

6. 使用材料通常以假代真

历史题材的人物造型的象征表意成分大大高于人们在生活中的造型。因此，历史题材人物造型设计在服装面料材质的使用上只求外形和颜色上的相似，而对质地并没有很高的要求。例如：服装上的动物皮毛用人造皮毛代替，人造皮毛经过人工染色不但可以达到所需要的色彩效果，还更加轻便；皮革用化纤复合材料代替，在表面做皮革纹路的处理，飞禽羽毛用彩色尼龙绳制作代替，色彩会更加艳丽夺目，并可随光影的变化而变化，视觉效果更加明显，这样既能达到效果，又节约成本，一举两得。

三、历史题材人物造型设计的原则

戏剧影视作品具有很强的叙事性，因此其中的人物造型设计具有戏剧性、虚拟性、创新性等特征，这在历史题材戏剧影视作品中体现得尤为明显。

虚拟性可以将历史题材戏剧影视作品的社会背景及人物的身份地位更好地体现出来，并与现实社会进行对比，从而让观众产生强烈的心灵感受。但是需要注意的是，历史的再现并不等同于完全复制、照搬历史。在设计历史题材人物造型的过程中，不应拘泥于当时历史时期的真实性，而是要在现实生活的基础上进行升华和创作，适当加入现代的创新元素，将恰当的创新思维运用到人物造型设计中。

1. 坚持历史真实性原则，与历史背景相符

在历史题材影视作品的人物造型设计中，有一种"贵出之实"的设计理念，这里的"实"是指要体现历史题材影视作品的历史真实性。剧本属于艺术的一度创作，是完成作品的蓝图。人物造型设计师要对故事发生朝代的社会状况、人物身份地位、政治形势、阶级关系的变化、人物的思想状态、当时重大事件的始末和主要人物的命运结局等做到了如指掌，从而归纳概括出所属的历史特点和时代特征，形成创造历史空间、表现时代氛围和造型设计的创作依据。历史题材影视作品都有特定的时代背景，特别是以历史事件或历史人物为题材的历史剧，是对历史事实的反映，剧中的主要事件、主要人物都是有史可依的。因此，剧中人物造型设计也需要有历史的真实性并具有鲜明的历史时代特征。

历史人物造型设计必须以当下社会的审美习惯和标准作为依据，对人物的时代特征都要经过考证，以不违背历史真实性为设计原则。同时，人物造型设计师在面对大量的资料时，应该保持一种既要有一定考证而又不为历史所束缚的态度，放开手脚进行符合作品风格和剧情需要的创新构思，从而发挥出设计师对资料运用的能动性。

2. 采用不同时代人物造型的典型样式

人类的服装、发型及配饰的选择是一种社会现象，有很强的社会性，不能脱离社会环境的影响。在阅读剧本、了解剧中角色后，人物造型设计师首先要做的是收集剧本所提供的那个时代的资料，例如从报纸、杂志、文字记载、图片、字画、出土文物，以及同时代的影视片或者人物口头采访等。总之，要尽可能多地掌握那个时代各种人物的形象资料。

3. 展现不同时代崇尚的典型色彩

色彩在历史题材戏剧影视作品中发挥着不可或缺的重要作用，具有深刻的文化内涵，甚至可以说色彩是一部作品的灵魂。通过色彩的明暗、冷暖等的对比，可以构成相应的情绪色彩，并与其他因素相互配合，从而表现出比较复杂的情感。色彩具有强烈的主观性，有利于提高作品的感染力。

4. 适当创新，采用独特的设计观念和设计表达

在设计观念上和设计表达方面，人物造型设计师在设计时要考虑剧本的时代特征，更注重的是特定环境下的人物造型的刻画。人物造型设计师在造型创作时为了追求视觉效果，可以采用一些强调的手法，体现一种理念，增加作品的观赏性。在人物造型设计方面又要有一些新意，在分析时不能有所遗漏，需要充分考虑角色与历史人物之间的契合度，并在此基础上进行艺术创作及处理，才能增加历史人物造型的真实性和欣赏性，通过比较、权衡与概括，从中提炼出最能让人物"传神"的特征。

人物造型设计师在设计时要深入研究古代的制衣方法及服饰配搭，经常要寻找一些特定的颜色、图案纹样的面料来模仿再现。同时，人物造型设计师要结合个人的想象力和创造力来设计历史人物的造型，为达到某种视觉效果，也可以使用特殊材质的材料（图2-1～图2-4）。

图2-1 片段　　　图2-2 片段

图2-1 电影《妖猫传》中，女子的裙子颜色绚丽多彩，有白色、红色、紫色、黄色、绿色等，其中红裙为佼佼者。影片中的杨贵妃是一位地位高贵，资质丰艳，性格善良充满爱的人，是大唐盛世的象征。影片中的杨贵妃从开头到结尾，一直都以齐胸襦裙和对襟襦裙示人，无论是刺绣精美的红色大袖衫，还是素洁高贵的白色齐胸襦裙，简洁却不失华美。她梳着圆润的高髻，象征着地位的高贵。

图2-2 电影《十面埋伏》中，人物的服装造型采用的是唐朝的胡服，其主要特点是窄袖、小翻领、锦边、对襟。金捕头的衣着特点为：一件红色绣花斗篷，中间设置了比较精致的袖口，充分体现了古代艺术与现代艺术的融合。

图 2-3　电视剧《大明宫词》中，人物造型采用的是比较艳丽的色彩，追求的是一种浪漫、写意的风格，既精致细腻，又自由奔放，从而将古典与现代、现实与舞台进行了完美的结合。人物造型、环境、光影、声音等因素的相互配合，不仅能够加强该电视剧的思想内涵等，还能感染观众的情绪。故事的意境和颜色的对比反差给观众带来了完美的视觉享受，很多观众看完这部电视剧后，都对其中的色彩呈现留下了深刻的印象。

图 2-3 片段　　　图 2-4 片段

图 2-4　叶锦添在给 2010 年版《红楼梦》进行人物造型设计时，与导演、制作组沟通后产生了这样一个理念：不要太写实，有虚拟的美感，有些许昆曲中的神韵美。他在呈现一种古典的气氛时会带有浓厚的诗意特质，由此人物造型就有了系统的边框：在复古的同时，加入虚拟性，以及非常多的现代元素。

第二节 历史题材人物造型设计的步骤

一、适度复原，合理创造

在深刻了解剧本和查阅大量资料的基础之上，确定角色所处的时代背景、性格特点、身份地位等重要信息。每个时代都有其独有的时代个性，以及独特的人文性格和艺术思潮。为了满足当时的审美需求，对历史题材人物造型设计来讲，照搬历史是不合时宜的。这就要求我们在进行历史题材人物造型设计的时候，赋予它本时代的特点，或者说使之符合当代人之本性，跟上时代的步伐。但是，由于现存历史文献资料的不完整性，客观情况往往也限制了我们对历史复原的深度，需要进行艺术创造。艺术创造不是无意识的天马行空，必须满足以下两个条件。

第一，艺术创造必须以历史为依据。无视历史的创造就像是无根之木；离开历史，所谓的艺术创造就如同虚幻的空中楼阁经不起推敲。

第二，创造必须符合当下的人文性格。换而言之，就是创造的度必须把握好，超前意识的创造，往往是一些风马牛不相及的元素的胡拼乱凑。这样的创造，设计师往往冠之以"个性"的头衔，但是就真正的艺术质量来考量的话，可以说是一场灾难。

二、骨干复原，血肉创造

所谓骨干复原，是从人物造型设计的主次要素来分析的。简而言之，人物造型的整体外观造型，包括服装的宽松度、领口的造型、下摆的造型等都应该符合当时的文化背景。文化背景包括民族信仰、风俗习惯等，要赋予它"说话的能力"。而血肉创造指的是，整体设计是给人的第一视觉印象，可以在服饰的颜色、质地，妆容和发饰等方面自由发挥。由于人物造型有一个视觉上的距离效应，所以对服饰的材质没有特殊要求，只要能在视觉上起到以假乱真的效果，代用材料是很好的选择。在颜色上，有时候为了衬托演员，往往选用一些和演员肤色搭配的颜色，而有时候这些颜色的运用可能并不符合当时历史的真实性。但是，只要无碍剧情发展而且对观众审美没有造成不良的影响，适度的艺术创造是可以接受的（图 2-5）。

图 2-5 片段

图 2-5 《权力的游戏》是一部多视点人物群像剧，主要描述了在虚构的中世纪所发生的一系列宫廷斗争、疆场厮杀、游历冒险和魔法抗衡的故事。剧情主线覆盖整个维斯特洛大陆甚至还有东方的厄索斯大陆，由于地域跨度广、文明多样、家族势力庞杂、人物繁多等，剧集制作时人物造型丰富多样。设计师 Michele Clapton 带领近百人的团队进行创作，以确保人物造型的每个细节都做到位，且令人信服。

三、主角复原，配角创造

这是根据角色在剧中的主次顺序来总结的。不同的角色在剧目中担任的戏份是不一样的，因此受关注的程度也是不一样的。主角出场次数较多，其造型通常是观众点评最多的部分。在这种的情况下，就要尽量考虑把有限的精力放到主角身上，尽可能做到历史复原。而一部影视剧中，配角通常数量较多，特别是以一些古代帝王为对象的历史剧中，人物众多，关系复杂，上至不同品级的王公大臣，下至各行各业的无名小卒，如果对每个人的造型都高标准严要求的话，剧组的人力物力都是难以跟上的。因为历史剧并不是考古，观众对一些配角往往过目即忘，自然对其造型也不会有非常苛刻的要求（图 2-6）。

图 2-6 片段

图 2-6 在《鹤唳华亭》中，人物造型设计师加强了对皇太子与群臣造型关系的处理。这部电视剧的人物特别多，剧情曲折。为了方便观众辨识人物，又不分散其对剧情的注意，同时又避免男性角色之间的雷同，设计师采用的办法有两个：一是统一，即让每个人物在整部影片中始终穿着基本相同的服装，便于观众去辨识这个人物；二是多样，利用细节处理进行区别，在不同人物的腰带细节上都做了独特的处理，根据官员等级佩戴不同材质的腰带，这样既体现了多样化，又具有整体效应。虽然皇帝、皇太子的服装在整部剧中更换多次，与群臣有所不同，但在色彩上仅限定于红色、白色、黑色之内更换，既保持了整体和谐，又有主次之分。

四、创造需遵循的基本原则

"在合理的范围以内"是历史题材人物造型再创造的一个基本原则。"在合理的范围以内"可以包含两层意思。首先，经过再创造后的人物造型不能跳开所处历史时代的文化背景，它仍然要能起到"历史标签"的作用，指向性是不可缺少的。其次，经过再创造后的作品应该符合现代观众的主流审美情趣，因为每个人的喜好不同，对艺术和美的感知能力也不一样。对于普通观众而言，一种深入浅出的介绍美的方式是不可缺少的，这就要求在再创造的时候不能一意孤行，必须考虑到观众的审美能力限制。

好的历史题材人物造型设计作品应该既能让观众找到历史的影子，感觉符合当时人们的服饰风格和生活习惯，又会使人眼前一亮，对再创造的人物造型风格、形式、元素感到好奇和新鲜，显然，再创造包含了某些主客观因素。

（1）为了突出角色形象、刻画角色性格特征、美化拍摄效果而作出的虚构和杜撰，可能是对那个时代根本没有的构成元素和局部细节的添加。

（2）由于现存史料和文献的不完整性，以及现代人物造型设计师的主观因素，二者加起来就与真实历史产生了"误差"，这个"误差"就形成了人物造型创作在某些处理上的与真实的历史不相符合的"偏差"，而这种偏差往往是能够被人接受的。

（3）戏剧影视作品本身就是一种艺术表演形式，就算是真实的历史故事也必须经过艺术化的处理手法，把真实生活的细枝末节整合到艺术欣赏的水平展现在观众眼前，人物造型的设计也不例外，要让真实存在的元素经过艺术手法的洗礼，把"俗"升华为"雅"，才能符合作品艺术表演的需要。这个由"俗"到"雅"的升华过程肯定要包含对人物造型的再创造，也就是艺术虚构，这也是形成其与历史真实有出入的又一个人为因素。

无论人物造型设计师对历史剧的人物造型做怎样的修饰和改变，只要总体艺术风格符合时代的真实感，让观众觉得可信，就可以在细节的处理上做一些大胆的想象和主观意向的再创造。在这个过程中，尽管可能有些局部手法的处理完全颠覆了真实的历史，但只要不让观众觉得反感和厌恶，反而比照搬照抄历史资料、完全复制历史人物造型能更好地为角色服务，更好地帮助戏剧影视作品达到理想的拍摄效果，这种再创造就是成功的、合情合理的。

第三节　宫廷人物造型设计的要点

一、装饰强化

装饰性是美学词汇，它是造型艺术的技巧和手段，可以使实用艺术品具有一定的审美价值。人物造型设计中的装饰性，主要指人物造型设计中的艺术装扮，既包括色彩的运用、纹样的搭配，又包括服饰、妆容、发饰等依附物的设计，这是宫廷人物造型设计的重点。宫廷题材作品中的人物造型无论从历史角度还是现实审美角度来说，都是比较迎合大众的一种艺术手段。宫廷题材作品中的角色比一般历史剧中的角色身份要高，所以宫廷人物造型设计的装饰性要求更强，这与该类型作品角色身份背景有直接的关系。帝王将相、嫔妃公主在宫廷中享有奢华的生活，他们的造型与普通百姓截然不同。

宫廷中汇聚了天下财富，权力集中，汇集了众多优秀的手工艺人，他们的手艺在当时首屈一指，所以宫廷人物的服饰做工更加精细。另外，人物造型在反映自身心态的同时，也常常表达出与不同交往者的情感关系。古语说："女为悦己者容"，宫廷中女性数量居多，后宫嫔妃为了吸引帝王刻意修饰自己的容颜和服饰，所以宫廷人物造型往往能够体现那个时期的时尚潮流。

由于角色身份的特殊性，不管是出于审美目的还是政治目的，宫廷人物造型都具备装饰特征明显这一特点，所以进行宫廷剧人物造型设计时，首先应清楚其装饰强化这一特殊属性（图 2-7）。

图 2-7 片段

图 2-7　电视剧《清平乐》以北宋为背景，在风起云涌的朝堂之事与剪不断理还乱的儿女情长之间，还原了一个复杂而真实的宋仁宗。该剧通过查阅《清明上河图》《东京梦华录》《梦粱录》，以及帝后画像等各类史学资料，使剧中的服装、配饰、妆容等基本做到了"有据可依"。剧中成功的人物造型设计在让观众赏心悦目的同时，也更容易让观众投入剧中环境。《清平乐》中对人物造型设计的考究，让我们对宋朝有了更加深刻的了解和认识。

二、制度严谨

纵观历史，世界上任何一个民族都会用某种特定形式的造型来装饰自己。宫廷着装具有很明显的时代特征，不同的身份地位有着严格的等级划分。统治者制定了严格的服饰等级制度，对各阶层的服饰做了严格的规定，以国家权力强制实施，任何人不得逾越。

早在夏商时期，中国服饰等级制度已初见端倪，到周代渐趋完善并成为"昭名分，辨等威"的工具。从西周初年开始，帝王和各级官员的服饰就与政治、道德联系在了一起。在形制、色泽、质地及图案上都有严格的区别，以至于不管行至何方，何许人士，只要见其服就可知贵贱，望其章就可知其势。

春秋战国时期，我国由奴隶制国家转变为封建制国家，服饰等级制度也逐渐步入正轨，并不断发展。各朝各代均有严谨的服饰等级制度，可以说，等级观念贯穿于中国古代服饰发展的整个过程中，并且大多是专门为封建帝制服务的（图2-8、图2-9）。

图2-8片段　　图2-9片段

图2-8　后宫嫔妃讲究尊卑有序，等级不同，其服饰的色彩也不同。例如，在《甄嬛传》中，也体现了宫廷服饰等级制度森严这一特征。皇后、华妃、甄嬛等的服装、配饰和头饰都因身份地位不同而有明显的差异。

图2-9　甄嬛本人，从秀女到贵人，再到贵妃，其服饰也明显不同。这一方面是因为人物性格的变化在其中，另一方面的原因是甄嬛本身的身份地位也在不断地变化，且随着年龄的增长，相对应的服装色彩也不尽相同。甄嬛细腻的妆容造型获得观众的一致好评。在表现清朝女子的妆容过程中，设计师没有拘泥于历史的复原，发饰采用了现代材料，表现后宫佳丽奢华的形象。不仅如此，整部作品以甄嬛个人的命运为主线，设计师将对主人公性格的理解注入妆容设计中，希望通过妆容设计这一视觉元素帮助承载故事情节叙述；通过妆容表现出甄嬛的人物性格变化，推动了对人物命运的演绎。甄嬛从初入皇宫时的不谙世事到开始博得皇上的欢心，成为最得宠的妃子，而后又经历了失落，最后到复仇成功，成为权倾朝野的皇太后。在这其中，妆容设计对于人物的成长与变化起到锦上添花的作用。

三、时空鲜明

宫廷剧是历史剧中时空最为鲜明的一种题材类型。因为宫廷剧的背景多为王朝和后宫，主要角色是帝王将相、后妃公主等，不管是正剧还是戏说，往往对应真实的历史背景。当然也存在架空历史背景的宫廷剧，但比较少，所以我们在这里暂不论述。

在做宫廷人物造型设计时，最重要的一步就是保证人物造型与时代背景的契合性。将汉代的服饰设计成宋代的，将明代的服饰设计到唐朝，这是决不允许的。

具有鲜明时空特征的剧作，能够直接将故事的时代背景和环境展现给观众。合理的时代背景设置，有助于增加剧情的真实性，使观众很快走进剧情（图 2-10）。

图 2-10 片段

图 2-10　在电影《伊丽莎白 2》中，个子瘦小的女王穿着深沉的金色、绿色、灰色等冷色调且厚重的巴洛克风格服装，紧紧锁定故事发生的历史时期，主人公华丽的服装足以吸引观众的注意力。

第四节　仙侠人物造型设计的要点

一、仙侠人物造型设计的造型依据

仙侠影视剧与武侠剧、神怪剧类似，"仙""侠"元素作为仙侠人物造型设计的重要构成特征，其造型渊源，传承了中国深厚的文化内容。中国古代美术史、道教美术史、佛教美术史、戏曲服饰等都蕴含丰富的"仙""侠"造型特征的视觉资料。正是这些造型依据，才使"仙""侠"元素能够成为仙侠人物造型设计中的核心支点，由造型诉说民族精神。

1. 中国古代美术史依据

首先，中国美术史中蕴藏许多与"仙"元素有关的视觉资料。我国从原始社会到封建社会，历朝历代都有其丰富的神话故事，有创世神伏羲、女娲等重要的人类始祖形象。例如，绢本画《伏羲像》中的服饰为 T 字形轮廓，身着右衽皮毛大袖袍，系红色麻绳束腰，豹皮纹下裳垂至脚面。相传伏羲人首蛇身，与女娲兄妹相婚，由此可知，女娲等创世神的形象应以伏羲形象为参考依据。

另外，湖南长沙楚墓出土的帛画作品《楚帛书十二月神图》，是一幅反映原始宗教的绘画，是关于妖魔的视觉资料。画中有 12 只神兽，四株植物，神兽为赤、棕、青三色，造型怪异，完全出自想象。这意味着其自然崇拜是妖魔造型的本质特征，自然崇拜是原始神话的核心，动植物作为妖魔的模仿对象，需要体现其自然特征。又由于早期的神话是以动植物为主的奇异故事，从某种意义上，妖魔造型与神仙造型本就相通。所以，如何在造型的廓形、材质与色彩上贴近剧中妖魔角色，需要寻求其自然属性并参考神仙造型（图 2-11）。

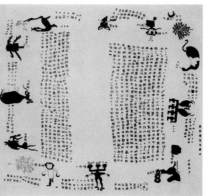

图 2-11　《楚帛书十二月神图》的文字四周还绘有 12 只奇形怪状的神兽，分别代表 12 个月，四角则分别以赤、青、黑、白 4 色绘制植物枝叶。显然，这是一种带有数术性质的特殊作品，体现了古人对天神意志的尊崇和对美好生活的向往。

2. 中国宗教人物造型依据

中国封建社会以儒家为正统传承,造成"子不语怪力乱神"的思想,神话一度成为唯百姓坊间的传唱。但后有道教文化的承袭,道教美术史中最有名的神话资料便是《八十七神仙卷》,该作品是由唐代吴道子创作的纸质白描人物手卷。它以道教故事为题材,单纯用线条表现出87位神仙出行的宏大场景,详细描绘了天宫的人物服饰和造型(图2-12)。

佛教作为中国古代影响最大的宗教之一,菩萨、四大天王等经典形象众多,并且深入人心。

可见,既然要研究仙侠人物造型设计中的核心元素,早期神话人物造型的"仙"元素应用是最直接的参考依据。仙侠题材中的"仙"元素并未明显区分性别及形式差异,所以仙侠影视剧中的两性神仙造型亦可相互借鉴。

3. 中国甲胄造型依据

甲胄是历朝武官的战斗服饰,也是仙侠剧中"侠"元素服饰的重要设计范畴。因此,对历史上甲胄服饰的分析,有助于了解"侠"元素的特质。秦代兵马俑形象是大众最为熟悉及认可的武士形象。秦俑是以秦军为模特塑造的,形象逼真,其甲胄款式根据地位、兵种而不同。中国古代典型的甲胄形制有玄铁甲、两当甲、筩袖铠、明光甲、鱼鳞甲、山文甲等(图2-13~图2-19)。

4. 武侠小说人物造型依据

从仙侠到武侠是时代发展的产物,更是中国"侠"文化从旧到新的发展结果,"侠"的传承基因是仙侠影视作品中侠义精神的

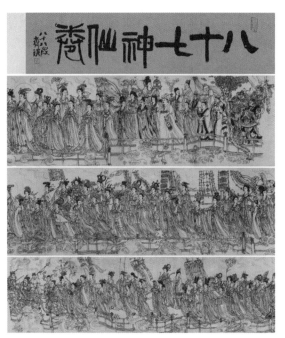

图2-12 从《八十七神仙卷》中可以看出,道教女神众多,她们的服饰形制基本相同,巨袖垂裙是最显著的款式特点。女性神仙皆着右衽交领长袍,服饰质感轻盈缥缈。67位女仙胸前佩系有飘带的璎珞项圈,头顶双环望天髻、望仙髻、乐游髻等67种发型,这些发型流行于隋、唐等时期,可见画中女神的造型亦与作者所处的朝代息息相关,是将当时古代女子形象进行升华而创作的。

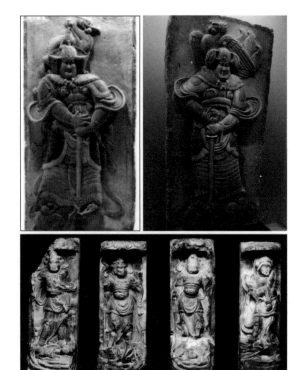

图2-13 唐代武士像展现了佛教四大天王的形象,其中铠甲以唐代甲胄为基础,披膊,胸前有精美装饰的二圆护甲,甲身绚丽华贵。

图 2-14　南北朝石刻武卫像。

图 2-15　秦代兵俑。

图 2-16　宋代武士俑（敦煌莫高窟第五十五窟彩塑俑）。

图 2-17　唐代木雕武士像（西安白马寺雕像）。

图 2-18　隋朝穿盔甲的武卫像。

图 2-19　乾隆皇帝的大阅甲胄。

承重墙。"侠"出现于春秋战国时期，经历了与诸子文化的包容并兼，解密了"侠"的本质形象。作为"侠"文化的载体，古代武侠小说萌芽于东汉末年，真正以"武"为中心是从唐代开始的古代武侠小说。白话武侠小说在宋代得以发展，其中《水浒传》第一次奠定了"武"和"侠"真正的结合，其中的英雄形象打破了唯武形象的局限性，其中"侠"造型分为文侠与武侠两种截然不同的风格，既有穿对襟袍胸衫的布衣侠，也有披铠甲战袍的武士，还有着圆领袍服的文官墨客。虽然后世小说、影视剧对武侠的推崇较高，但武侠、文侠皆有"侠"元素的体现（图 2-20）。

图 2-20　随着时代的发展，武侠影视剧人物造型风格更加趋向多元化，如 2002 年的武侠电影《英雄》中的写意主义人物造型风格，舒展的 T 字形轮廓，典型的右衽巨袖长袍。面料多用轻柔平滑的真丝类织物，色彩明度高且善用同类色的纯度变化，让刚硬的武侠形象过渡到另一种浪漫柔和的形象。"侠"元素的表达不再只是刚硬与干练，转而出现了一种浪漫飘逸的风格。这也为"侠"元素与"仙"元素的融合提供了意境范本。

图 2-20 片段

二、仙侠人物的造型特点

1. 神仙人物的造型特点

党的二十大报告提出："中华优秀传统文化源远流长、博大精深，是中华文明的智慧结晶。"从蕴含"仙"元素的传统视觉资料来看，首先，神仙类的"仙"元素服装往往以 T 字形轮廓为主，原因是中国传统神仙造型以中国历代人物造型为基础，形制未发生较大变化，即使有少量变化，也未改其形制。由于神仙人物的超脱感，主要以中国历代贵族形象为基础，而服装款式则一贯采用上下连襟的大袖袍形式。材质的表现则根据上古神与帝系神的差异，分为两类：上古神通常以写实的原始兽皮、粗麻类面料为主；帝系神常以轻柔垂顺的面料出现。纹饰分为传统纹饰和素面两种，其中传统纹饰一般为二方、四方连续纹样。服饰及妆容的色彩传承古代传统五色制。装饰常用繁复的首饰、衣饰、配饰进行搭配，如道冠、披帛及璎珞等。

神仙人物的造型特点如下。

（1）除上古神外，神仙资料着重以宫廷贵族造型为参照，服饰、发饰及妆容反映当时的流行风尚。

（2）人物造型的形制较为统一。

（3）人物造型的装饰是塑造的重点，且均突出表达巨袖连襟的特点。

（4）宗教神话人物造型的两性差异较弱，可相互借鉴。

2. 妖魔类人物的造型特点

妖魔类人物造型表达虽然没有直接的历史资料，传统的"怪异"皆由想象得来，但也不是完全凭空捏造的，而是在其自然属性的基础上进行塑造的。因神话本身荒诞怪异，剧中妖魔角色又由真人饰演，故传统妖魔造型以古代人物造型为基础，服饰、发饰和妆容则参照神仙造型，但色彩、纹样、装饰等更为夸张，这是自然属性进行符号化加工的结果。

妖魔类人物的造型特点如下。

（1）一般是对动植物等自然生物的拟人化塑造。

（2）参照神仙造型。

（3）妖魔角色主要通过夸张的服饰、发饰、妆容达到塑造效果。

3. "侠"元素人物的造型特点

与"侠"元素有关的视觉资料中包括了多种身份的形象，如布衣百姓、官员、文人、武士等，但归纳其造型中"侠"元素的共同表征：服装为 T 字形轮廓，也是以古代人物造型为基础的。"侠"元素人物自春秋战国出现以来，常以底层社会的人群为代表，故民间百姓造型成为"侠"元素的主要来源，服装以上襦下裤，修身的扎口窄袖为主，这与其生活习性息息相关。古代劳动人民服饰以麻布为主，配饰色彩灰暗，材质粗糙，妆容古朴。另外，也有少数宽袖连襟的文人造型也属于"侠"元素的表达范围。

"侠"元素人物服饰纹样分为两类：一类是素面，极少纹样；另一类形象常用团花纹样或绲边。装饰上常佩戴发冠，如教头的万字帽、发巾等，另配冷兵器或随身道具。

"侠"元素人物的造型特点如下。

（1）服饰较为简洁、轻便，几乎没有多余的装饰。

（2）袖口是突出传统"侠"元素的重点塑造部分，武士、布衣百姓常见扎口袖或窄袖，而文人形象则宽袖较多。

4. 甲胄类人物的造型特点

这类角色一般都是武官、将军的形象。造型一般分为两部分：内里战袍及外层甲衣，其中甲衣由护膊、护胸、护腕等组成。内里战袍依旧以传统的 T 字形轮廓服装为主，款式一般束腰修身，方便外层甲衣的穿搭。外层甲衣的材质以皮革和金属甲片结合，采用整片缝制方式。配饰为头盔、兵器等战斗用具。

甲胄类人物的造型特点如下。

（1）传统甲胄根据等级制度有统一的规格。

（2）甲胄造型有固定的穿搭方式，战袍在内，甲衣在外。

（3）传统甲衣由于甲片材料的限制，一般为青铜、铁等材质，故较为厚重。

三、仙侠人物核心元素的造型关系

根据剧情角色的要求，人物造型需要对两种元素的造型比例进行分配，换言之，就是两种造型元素的显性或隐性特征的处理问题。其比例直接影响了角色的属性变化及造型风格，对剧情的推进起着关键性作用。纵观近年来整个仙侠人物造型发展，其核心元素的配比将影响其剧作风格、角色属性、故事节奏等诸多因素。

1. "仙""侠"元素共存

基于仙侠人物造型的设计背景，两种核心元素的关系是既独立又融合。

第一，"仙""侠"元素是两种相互独立的造型元素，各有其独特的历史渊源及造型特征。在仙侠人物造型设计中，可以单独用其塑造各类角色造型。

第二，新媒体的特殊环境让浸润在唯美动漫、游戏中的一代人不再一味地服从历史事实，转而构建全新的人物造型系统，一种可以包容两种造型范畴的概念植入戏剧影视作品中。一般的传统历史题材人物造型，一种角色通常只需表达一种造型特征，如皇帝、侠客、仙人等都有其固定的造型风格。而仙侠剧人物造型较为复杂，有时由于剧情需要，要在一套人物造型中同时塑造"仙""侠"两种元素。

这种共存关系是仙侠影视剧区别于其他类型历史剧最明显的特点，也是塑造仙侠人物形象的重要特征。在同一部仙侠影视剧中，"仙""侠"元素共同构成仙侠人物造型，缺一不可。

2. "仙""侠"元素的比重关系

"仙""侠"元素的比重关系包含以下两方面内容。

（1）同一部仙侠影视剧中，不同的角色造型中的"仙""侠"元素的表达比例，一般较为均衡，既有"仙"元素的造型，也有"侠"元素的造型。

（2）同一部仙侠影视剧中，根据剧情的设定，同一个角色造型中同时具备"仙""侠"两种元素（图 2-21、图 2-22）。

图 2-21 片段

图 2-21　在电视剧《花千骨》中的长留山掌门白子画，经过修行成为长留山的上仙，同时又是肩负守护苍生的大侠。在设计这个角色的造型时，必须将"仙""侠"元素融合在一个形象中。

图 2-22　在电视剧《三生三世十里桃花》中，神仙的造型都仙气十足，女主角白浅的造型和配色更是清淡素雅，有一种风不吹而裙摆动的飘逸感。剧中天族和狐族的装扮正契合了这两点要求，配色以白色、青色和淡粉色为主，服装面料则采用纱类、丝类，达到里三层外三层也不显得厚重的效果。

图 2-22 片段

第五节　历史题材人物造型设计的风格

一、写实表现手法

在戏剧影视作品中，历史题材人物造型设计体现了作品的逼真性与纪实性，这就要求人物造型设计师在现实生活的基础上对角色进行形象包装，使角色的形象符合当时的历史背景，并突显那个历史时期的人物造型特点。人物造型设计具有真实性和典型性的特点，在设计师进行人物造型设计的过程中，需要考虑设计的形式感和装饰性等。在一般情况下，对历史记载很清晰的人物形象设计应采用写实的手法来表现，这样才能取得观众的信任和认同。人物造型写实性的魅力在于尊重历史事实，符合当时的历史背景。

1. 逼真化

人物造型设计要求一切事物都要达到逼真的程度。为满足观众的视觉需求，角色的服装、配饰及妆容、发饰都要做到以假乱真。因此，要求人物造型设计的方方面面都必须符合角色所处的时代、地域、风俗习惯、身份地位等。

2. 典型化

在中华五千年的历史长河中，每个朝代都有其典型的服饰、发型和妆容样式。人物造型设计师往往会选取能够代表这个朝代的服饰、发型和妆容样式来塑造角色，提高角色塑造的真实性和可信度。

3. 写实表现手法的不足之处

采用写实的手法来表现的人物造型设计优缺点并存，不足之处是对角色的造型设计缺乏创新性，表现的人物形象容易出现重复或雷同。例如，相同时期的人物造型，都采用写实的表现手法，就容易出现人物造型样式的雷同，观众多次欣赏这样的作品，就会产生厌烦的心理。

写实性的表现手法不适应现代人的审美观念及标准。审美观念随着社会文化的发展而变化，每个历史时期都有不同的审美观念和标准，不同时期的审美观念都有所不同，例如在唐代，女性以丰满为美，但是以现代人的眼光，却无法接受这样的角色形象所表达的作品，至少与现代人眼中的美女的标准是无法画上等号的。因此，写实的表现手法与现代的审美观念是有所出入的，这样会导致角色的表现力弱化甚至失败（图2-23）。

图2-23 电视剧《梦华录》中的人物造型贴近主人公的社会地位，尽可能地还原了宋朝时期的风土人情，整部剧都充斥着真实和精美两个字。前期的赵盼儿是卖茶人，为了体现市井感，服装面料以棉麻为主，清淡朴素，而后来的赵盼儿经营半遮面茶馆时，作为老板娘，服饰则以上衣下裙为主，配罗扇，尽显婉约柔美之态。

图2-23 片段

二、写意表现手法

写意是我国传统古典美术表达的学术术语，是中国古典美学艺术表现法则中重要的表现手法，即道家美学的"虚实相生"。艺术家的再创作主要是突显主客观之间的关系，突出某些特征，着重描绘对象的意象神韵。在戏剧影视作品中的写意表现手法是指通过象征、抽象、比拟等表现手法，使真实的形象更具有诗意、更具有韵味。因此，人物造型设计师既要着重刻画人物的内在气质和精神境界，也要注重形式美的表达。

人物造型设计所表现的意境，分为直接表现和间接表现两个方面。直接表现即运用服饰的造型、发饰及妆容来完成；间接表现则是通过观众欣赏作品后与自己的生活体验和阅历结合所产生的联想和情感所体现的。

写意的人物造型设计最早应用于我国的戏曲中。例如，花旦的造型——包头、贴片、红色晕染、桃红色的眼窝、面颊逐渐淡化，再勾勒出向上挑的眉毛和眼睛，这样的人物造型具有很强的写意性。但是随着影视文化的发展及文化的融合，在国产戏剧影视作品中人物形象设计中常利用多种艺术语言展示我国民族文化的特色，并且在人物的内在和外在美上，都能体现出民族文化韵味。

1. 抽象化
如果作品的故事背景发生在历史记载不详尽的时期或地方，我们就可以用写意的造型手法来完成人物造型设计，这也为设计师提供了可以自由发挥想象力和创造力的平台。我们可以用抽象化的创作手法对人物造型进行大胆的创新，使之别具一格。这不仅不会让观众感受到枯燥沉闷，反而为观众提供了更多想象的空间，使其或自我反思，或更深入地进行了解。

2. 隐含化
戏剧影视作品常采用借物喻人、以物言情的手法来表现人物的主观情感，给人物造型设计提供了灵感来源。

3. 写意表现手法的不足之处
写意表现手法的不足在于与史实有些出入，与大众观念中的人物形象不符。例如，中国清代的皇帝已经在观众的头脑中形成了一个概念，如果用写意的手法来表现，就会与史实矛盾，并且观众会有抵触情绪，不易接受（图2-24）。

图 2-24　电影《夜宴》满足了大众对影视剧唯美的高要求，迎合社会各个年龄层次的娱乐口味，在不违背影视剧历史背景的前提下，采用借物喻人的言情方式、抽象的设计手法，以及夸张的艺术表现手法，塑造了非常丰富且极具创造力和想象力的人物造型。

三、写实表现手法和写意表现手法的关系

写实表现手法和写意表现手法的关系就如同中国水墨画中的"虚实相生"关系，其要点是虚实的对比。"留白"就是道家美学中的虚实相生的表现，画人不画背景或少画背景，画水中的鱼虾但并不画水，山水画中的天空、云雾也基本用此方法进行表现。虚与实既对立又统一。因此，在写实表现的基础上加入写意的创新形式，在写意表现的同时又不忽视传统理念，将写实与写意表现手法相结合，把传统文化与创新思维相融合，既保留了历史文化的痕迹，又具有时代感，使人物造型设计更丰满、更充分、更完善，艺术感更强。

人物造型设计反映一个时代的发展趋势，在美学追求和艺术表现上凸显了时代的审美理念和审美追求，再现与时代相协调的人物造型，反对"为时代而时代"的倾向，也反对将时代现实化的倾向，所以人物造型设计不能局限于单纯的写实手法或写意手法来表现，要根据剧本内容而定。在现实题材的剧本中可以多采用写实表现手法，在其他题材的剧本中可以采用两者相结合的表现手法，根据人物造型设计的要求和具体表现，掌握好两者的度。

图 2-24 片段

写实表现手法和写意表现手法是辩证统一的关系，虚和实是艺术追求的最高境界，也是辩证统一的关系。戏剧影视文化最重要的审美特征是纪实性和追求时代感。两者相辅相成，密不可分。写实是追求纪实效果，写意是追求时代元素，人物造型设计的创作既要有写实，也要有写意，共同塑造最具表现力的人物造型。

四、写实表现手法与写意表现手法如何结合

作为历史剧的人物造型设计的两大表现手法，写实与写意既对立又统一。写实表现手法多见于历史剧正剧，重在表现历史的真实性，但形式感和创新性欠佳；写意表现手法在戏剧影视作品中随处可见，重在形式，强调以意写神，但忽略了其历史性，两者各有所长、各有所短。将写实表现手法与写意表现手法结合，可以使两者取长补短，在注重历史真实性的同时又强调造型的形式美，可以使人物造型得到更充分的体现，使角色得到更完善的表达，使得写实表现手法不再是一味地模仿"过去"，而是在尊重历史的基础上体现现代人的审美需求。

纪实性和时代感是戏剧影视作品的重要审美特征，两者相辅相成。将写实表现手法和写意表现手法结合，人物造型设计既具有时代特征又不完全拘泥于那个时代，也就是既保持了历史感又加入了时代感，使角色形象更充分、更完善。

因此，在人物造型设计的创作中，人物造型要以呈现本质和表达主题为前提，从角色形象返回到设计师所要表达的对角色的思想感情，由内而外地把角色的性格、内心情感等外化为一个生动的艺术形象。同时，人物造型设计应当在艺术表现手段上有新的拓展，使其更加符合现代审美意识。

在获得一个真实的角色形象的过程中，写实与写意相统一是以一定程度地限制、省略、压缩写实性为前提的，即"有所不为方能有所为"。在人物造型设计师的脑海中，凡是不利于表现人物的那些平凡的自然生活中的方面都要删掉，而许多完全不存在自然联系的独立因素却被并置于同一形象之上，例如不同种族、不同民族的各种特质，不同历史背景、不同环境的各个细节等。原有的现实对象被打碎，呈现在观众面前的是经过设计师重新安排、整理和组织过的人物造型设计。它浸润着设计师的主观理解与艺术感受。这时，表面的真实即生活的真实退居到次要位置，凸显出的是人物造型设计师对客观事物的认知与感悟。

思考题

1. 历史题材人物造型设计的本质特征是什么?
2. 历史题材人物造型设计的审美特征有哪些?
3. 举例说明历史题材人物造型的设计方法。
4. 写实表现手法与写意表现手法的优、缺点各有哪些? 如何将它们结合起来?

作业

根据教师所给的剧本,完成剧中 2 个角色的人物造型设计。
要求: 手绘、电脑均可,最终呈现为 JPG 格式的图片文件,RGB 模式,分辨率 300dpi 以上,尺寸不小于 210mm × 20mm。

第三章
现代题材人物造型设计

目标

掌握现代行业剧人物造型设计的方法。

掌握革命题材、军旅题材人物造型设计要点。

掌握都市题材人物造型设计与时尚结合的方法。

要求

知识要点	能力要求
现代行业剧人物造型设计的方法	（1）了解现代行业剧人物造型设计的审美标准 （2）掌握现代行业剧人物造型设计要点 （3）掌握职场造型与生活造型之间的关系
革命题材、军旅题材人物造型设计要点	（1）掌握革命题材、军旅题材中军人造型特点 （2）掌握革命题材、军旅题材人物造型设计的原则
都市题材人物造型设计与时尚结合	（1）掌握都市题材人物造型元素与时尚结合的方法 （2）掌握都市题材人物服装与时尚结合的方法 （3）掌握都市题材人物造型中色彩与时尚结合的方法 （4）掌握都市题材人物造型中配饰与时尚结合的方法

第一节　现代行业剧人物造型设计

一、现代行业剧人物造型设计的审美标准

在人们询问好莱坞著名影视服装设计师马克·布里吉斯（Mark Bridges）是否想要尝试时装设计时，他发表了如下观点："戏服设计基于剧本中的人物，人物在故事中会有自己的发展弧线，我们需要尝试去支持这个故事。戏服是戏剧性展演的一个元素……一名时装设计师的目标是制造出一些人们想要购买的东西，而我的目标不是让人们想要去买我设计出的戏服。"这位设计师对于人物造型的见解恰恰对应了该领域一个颇为重要的问题——我们的设计绝不是为了美观，而是为了与剧作整体吻合。更进一步说，很多时候我们要把"像不像"置于"是不是"之前，要把遵循行业气质、符合行业印象作为现代行业剧人物造型设计的审美标准。（图 3-1、图 3-2）。

图 3-1 片段

图 3-1　在电视剧《国家审计》中，主要人物（审计人员）的造型设定为端庄、朴素、简洁、大方。所以在服装的色彩上饱和度不高，整体色调偏灰，在服装款式的选择上也多属基本款，摒弃了当下流行的元素和一切多余的装饰，试图创造出低调简约，作风端正的国家审计人员形象。

图 3-2 片段

图 3-2　在航天题材电视剧《冲上云霄》中，飞行员角色尤其是机长、副机长都身材高大、体格健硕，这符合了一般观众对于这个职业的美好想象：有掌控力，有安全感，同时也更具视觉效果。但事实上，了解飞行员这一职业的人都知道，由于飞机的驾驶舱狭小，所以过于高壮的身材并不是机长的优势，反而生活中很多优秀的机长都是中等身高，体型也比较瘦削，因为这样的身材在驾驶舱中进行操作活动会更加方便。《冲上云霄》并没有一板一眼地按照真正的"最佳机长形象"来挑选演员，而是选择了艺术化的创作方法，选取了广大观众心目中理想的飞行员形象进行再现。

二、现代行业剧人物造型设计要点

本节主要研究流行于当今戏剧影视作品中的现代行业剧人物造型设计，这类题材大多以写实的表现手法进行创作，又以描绘"专业团队"见长，这就要求在人物造型上做到含蓄和巧妙，主要包括现代行业剧人物造型设计中的匠心独运、职场造型与生活造型设计的衔接或对比、标志性的细节道具的点睛，以及"行业群像"的塑造与刻画等。现代行业剧的人物造型设计空间相对狭小，现实元素的限制较多，但无数优秀的作品同样证明，通过熟读剧本和揣摩人物，凭借精益求精的敬业态度、深厚的艺术修养、过硬的业务技能及丰富的实践经验，就可以在现实主义设计中挖掘出无穷无尽的可能性。现代行业剧大多以现代都市为背景，以某一行业工作者为主要表现对象，围绕典型的行业事件展开叙事的起承转合，从而呈现出行业特有的专业魅力和风貌。

从技术上来说，现代行业剧的筹备、制作、发行等流程符合戏剧影视作品的一般惯例，而作为视觉表达的重要部分，这类戏剧影视作品的人物造型设计亦遵循基本的职业造型设计原则，即要以剧本为基础和纲要，以情节的起承转合为依据，以演员条件为载体，以场景美术为配合和呼应，兼备坚持综合创作意识，具备全局视野，将设计思路和概念贯穿始终。

1. 现代行业剧人物造型设计的要点
（1）在形制几乎完全一致的制服造型上力求体现人物之间的区别。
（2）职场造型与生活造型既有衔接又有区分，既趋于统一又形成对比，同时利用点睛之笔，于细节中见职业精神。
（3）注重刻画"行业群像"，职业造型上求同存异。

2. 现代行业剧人物造型设计中的匠心独运
在大众文化中，"制服诱惑"这个词语出现的频率颇高，用来形容那些穿着制服的角色对于人们的独特吸引力。究其原因，制服所彰显的理性、克制和专业的魅力才是其重要方面。制服是职业服装的一种，是指一群来自相同团体的人穿着统一样式的服装。人们用制服分辨其职业、身份，甚至职级，譬如在某些医院里，初级护士的制服是粉红色，而护士长的制服是白色。甚至某些职业的制服形制全世界都是统一的，譬如飞机驾驶员的制服统一为藏青色，配有标志性肩牌，并且在袖口处缝有代表职级的条状标识。制服的设计体现了职业的特性。军队的服装强调其威严和职级明确的特色，在造型设计上要轮廓明朗强劲，直线条居多；相反，服务行业服装则要强调其亲切、易于接近的特点，服装造型则较为灵活，大量运用领结、花边等装饰；制造行业由于需要从事大量体力劳动，服装多采用夹克、T恤等方便活动的款式。

3. 于细节中凸显个性

为了便于人们辨认，同时增强工作者对该行业的归属感，制服以其整齐划一的颜色和形制来强化行业同仁之间的亲密性和无差别性，所以制服大多是集体定制，成衣化批量生产。在很多现代行业剧中，工作场合"着制服"是造型设计上的首要要求，因为制服是"专业"的最佳代言。然而，对于人物造型设计师来说，由于造型设计的主要任务是强化角色性格，所以面对统一着制服的前提条件，往往让人感到束手束脚——穿上制服的角色的确整齐划一，但同时也掩盖了许多个人的特质，容易千篇一律，进而产生审美疲劳。制服造型的目的固然是为了弱化"小我"，凸显"大我"，但艺术创作中，还是需要通过合理的设计处理让看上去没什么特别之处的制服造型，在特写和近景镜头中替角色说话。因为对于人物造型设计师而言，只要是穿在角色身上的，就需要适当地进行个性化处理。在保证整体效果的同时，于细节处展现各个角色的特点，是避免造型雷同的解决之道。人物造型是极度个性化的，即便是军警制服，其个人细节也绝不一样。设计师可以运用制服的细节之处对人物性格加以表现和呼应：在制服的领口、袖口、下摆、关节处的磨损程度、材料的挺括程度上做文章，使形制无差的制服由于角色性格、身份的不同，打上些许个人的印记。除此之外，在穿着制服的方式上寻求变化，同样可以强化人物性格（图 3-3）。

图 3-3 片段

图 3-3　电影《法官老爹》中，由小罗伯特·唐尼饰演的辩护律师帅气、深沉又专业。庭审现场，标准的律师着装看起来很专业。坐在中间的是"法官老爹"，涉嫌谋杀罪（酒后开车肇事），是本案被告人。律师儿子为法官老爹辩护，作为被告人的法官老爹，穿着和辩护律师并无二致。如果你看过英美电影或电视剧，就会发现，无论是民事案件还是刑事案件，当事人出庭，都会西装革履，显得精神抖擞。因为在被陪审团裁决有罪之前，任何嫌疑人都是无罪的，他们就是普通公民，在法庭上为自己的权利抗争，总要给法官和陪审团留一个诚实善良的好印象。

4. 尊重行业惯例

除了要求穿着统一制服的行业之外，社会上还有很多行业在造型方面相对宽松，只是规定行业工作者的穿着符合一定的风格即可。譬如审计工作者或法律工作者，往往被要求穿着正式装束，但具体款式细节不予限制。而生活中更为常见的现象是，某些行业根据工作需要，造型样式形成了一种行业惯例——这个圈子所默认的着装风格，一旦违背这一惯例，往往会被认为是缺乏专业性的表现，进而难以获得同行的认同。因此，在现代行业剧的人物造型设计上，设计师需要留意到这些不可逾越的规则，尤其不能因为演员的时尚美观而忽视"行规"（图 3-4）。

图 3-4 片段

图 3-4　韩剧《他们生活的世界》是一部表现影视工作者工作和生活的现代行业剧，虽然这一题材比较少见，但该剧依然表现得相当成熟，比较全面地展现出影视剧制作幕后的方方面面。由于剧组工作节奏较快、跑动性强，工作环境也比较恶劣，所以剧组中的女性成员不得不弱化性别特征，穿着打扮以简单、宽松、轻便为主，多口袋军装裤和多功能马甲是常见的"剧组装备"。因此，电视剧中，作为女导演的朱俊英以一头清爽的短发示人，宽松的汗衫、夹克外套、利落的裤装，再加上素面朝天的妆容，完全是一副"假小子"形象，这与宋慧乔一贯柔弱细腻的形象大相径庭，却与拍摄现场的大环境非常和谐。而在细节处，由于角色从小家境优裕，所以她的服装和配饰即便只是基本款，但都质地极好，很是耐看。

5. 注意化妆与道具的配合

综上所述，不论是需要"统一制服""统一着装"，还是只需按"行业惯例"和"刻板印象"进行着装的行业，人物造型设计都需要保留住该行业的典型气质和特殊要求。在此之上，同时应当考虑到角色间存在些许微妙的不同。当然，除了服装造型上的区别之外，化妆和发型设计上的区别同样会为区分人物形象做出贡献，这需要设计师在色彩、质地、形象 3 个方面做宏观把控，使化妆设计与服装设计达到协调统一。譬如，虽然每个剧组的美术部门分工都略有差异，但大多数情况下，为了方便沟通、提高工作效率，有着"服化道不分家"的说法。为了能够最大限度地表达角色、物化角色，小道具往往能起到点睛的作用。工作牌、公文包、文件夹这些随身道具都能令角色形象更加丰满可信。这些可以体现职场气氛的随身道具，都是人物造型设计师不能忽视的部分，处理得当，可以起到事半功倍的效果（图 3-5）。

图 3-5 片段

图 3-5 电视剧《了不起的儿科医生》中医生脖子上佩戴的听诊器，胸前口袋中并排放置的彩色水笔和工作牌，左臂上的 logo，都是医生制服造型的点睛之笔。

6. 群像造型：整体统一、求同存异

现代行业剧的叙事着力点在于"行业"，所以对从事该行业的"人物群像"描绘是现代行业剧的特色之一。首先，剧作中该行业的主角、配角需要形成风格统一的整体团队。同时，还需要根据团队中个人的年龄、条件、性格和职责对各自的特色给予保留，以区分角色之间的不同特征，呈现该行业的不同侧面。因此，"同"和"异"之间存在一个平衡（图 3-6）。

人物造型应该具有表征意义，能体现人物的典型特征。现代行业剧中群像造型的成功与否，是能否建立起该行业整体专业魅力的关键所在。作为人物造型设计师，首先需要保证的就是群像造型的整体感觉需要鲜明地体现该行业应有的精神风貌。其次，在整体统一的前提下，对于个体的造型设计依然要遵循剧本的描写并给予特色处理，让个体造型尽可能在不跳脱整体气氛的情况下，体现角色的典型之处。

图 3-6 片段

图 3-6　电视剧《战毒》展现了一群一线缉毒警察，剧中一系列干净利落的动作将最酷缉毒警察的硬汉形象诠释得淋漓尽致。在西装的加持下，缉毒警察的气质展现无遗，其中黄宗泽饰演的卧底形象其服装造型典型，与其他缉毒警察形成反差，凸显角色性格与身份。

三、职场造型与生活造型之间的关系

现代行业剧的大部分场景是该行业的工作场合，同时穿插着行业精英们的日常生活。这两个场景中的人物造型设计无非有两种思路：一种是让角色在职场中的造型与生活中的造型拉开距离，形成差异对比；另一种设计思路则相反，让角色的工作和生活不分家，两者的服装趋于统一，使其造型上类似、风格上统一。

1. 差异对比

人物造型是"性格情感的融合"。戏剧影视作品中的主要角色往往属于性格饱满且复杂的人物，需要借助人物造型设计对其进行多元体现。而在现代行业剧中，有些角色在生活中和职场上的状态呈现出较大差异，一般表现为两种情况：一种是入行初期和专业成熟期存在的过渡变化，即"门外汉"到"高精尖"的差异，所以在人物造型设计上要体现出转变初期工作状态与生活状态的不协调；另一种是角色的生活和工作完全割裂，呈现出截然不同的状态，这种情况在创作中并不多见（图3-7）。

图3-7 片段

图3-7　韩剧《面包大王金卓求》以食品行业为故事背景，讲述了一个豪门弃子通过自己的奋斗成长为面包大王的传奇经历。主人公金卓求是一名孤儿，成长于市井之间，颠沛流离、居无定所，他貌似顽劣但其实一直怀有赤子之心。当他偶遇"伯乐"并接触到面包制作行业之后，发现了自己与生俱来的天分并通过努力最终实现了梦想。剧中金卓求生活中的形象与职业装扮形成了很大差异：生活中的金卓求邋里邋遢、不修边幅，设计师用了很多牛仔材料、流苏元素强调他卑微贫穷的生活和自在乐观的心态。与之相反，面包房里的金卓求则干净利落：一身洁白的制服，领口打着精致的领结，体现出他良好的职业素养，也暗示着他充满希望的职业前景……

2. 趋于统一

除了体现生活与工作的差异之外，还存在另外一种更为常见的情况，就是角色在职场和生活中状态无二，造型风格一脉相承，而这往往与角色成熟、严谨的职业素养相挂钩。

另外，也有生活反作用于工作的例子，同样是表现医疗行业的电视剧《心术》中，海清扮演的美小护在生活中活泼开朗、充满童真，所以在生活造型中运用了大量高饱和度的色彩加以烘托。而在职场中，美小护与其他护士一样必须穿制服，为了展现她的活泼开朗，设计师在她的护士帽上增添了几个彩色发卡，童趣十足且无伤大雅。这些小发卡既有功能性（固定护士帽），同时又呼应了角色本身的个性特征（图3-8）。

电视剧《离婚律师》中，职场上罗鹂穿着简洁利落，生活中的她依旧优雅干练，造型风格几乎统一，其人物造型是她的理性主义、完美主义从工作到生活贯穿始终的充分体现（图3-9、图3-10）。

正是由于现代行业剧人物造型的设计手法写实，所以在实践中就存在"像不像"和"是不是"的问题。而艺术的再现不仅仅是模仿现实，同时也要归纳艺术客体的本质进行再现，所以设计师的能动作用就显得尤为重要。现代行业剧人物造型设计的审美标准可以归纳为"遵循行业气质，符合行业印

图 3-8 片段

图 3-8　电视剧《心术》中美小护的生活造型。

图 3-9　电视剧《离婚律师》中罗鹂的职场造型。

图 3-10　电视剧《离婚律师》中罗鹂的生活造型。

图 3-9 片段　　图 3-10 片段

象"，无须照搬现实生活，但应当以现实情况为基础，进行艺术化的创作处理，以剧本思想为纲要，同时关照广大观众心目中的"行业形象"进行艺术再现，使设计出的人物造型与剧作意向相吻合，也与观众内心对该行业的"期许印象"保持一致。

国产现代行业剧作为流行的题材，正面临越来越多的关注，以及由此带来的一些考验。作为有责任感和艺术追求的设计师，往往需要在看似无为之中，将整体基调把握准确，将点睛细节加以推敲，方能无愧人物造型设计师之使命。通过对剧本的熟读和对角色的揣摩，人物造型设计师以精益求精的敬业态度，可以在现实主义设计中挖掘出更多的可能性。

第二节 革命题材、军旅题材人物造型设计要点

党的二十大报告提出："坚守中华文化立场，提炼展示中华文明的精神标识和文化精髓，加快构建中国话语和中国叙事体系，讲好中国故事、传播好中国声音，展现可信、可爱、可敬的中国形象。"革命题材、军旅题材戏剧影视作品主要有 3 种类型：①反映革命历史是军旅题材作品的一个重要内容；②反映"科技强军"内容的军旅题材作品；③"红色浪漫"的后革命情调作品。

一、革命题材、军旅题材军人造型的特点

军旅题材戏剧影视作品以战争、军队、军人生活为主，以塑造优秀的军人形象为手段，发掘他们身上具备的"崇高感"和"英雄主义"精神。这种精神对于军队乃至全社会都有一种道德示范和精神激励的作用。正如《中国现代卡里斯马典型》里所指出的小说英雄叙事的意义那样："为什么我们要特别强调创造革命英雄的典型呢？就是因为他们是时代精神的代表者，是现代无产阶级和劳动人民的杰出榜样……在我们今天这个时代，作为典型环境中正面的典型性格，不正是那些从生活中、斗争中不断涌现出来的革命英雄吗？"

英雄和英雄主义在人类历史的长河中，对于任何一个国家和民族来说都是一种力量、信念和精神的象征。某知名学者在论及英雄主义时曾经提出："经典英雄活动的世界是一个情感色彩强烈的世界，又是一个严酷的世界，那里的规则包括对体能和道德无休无止的考验和经常不断的死亡威胁。"英雄代表了一种精神界定的价值体系。以前的小说也好，电视剧也好，我们所看到的英雄形象一般都是十全十美的，在他们身上基本上看不到任何缺点。长期以来军旅剧的主人公都是这种完美的"高、大、全"形象，具备了常人无法达到的道德高度和禁欲境界。很多人都渴望成为英雄，这有着很深的历史原因。世界上的战争和侵略还没有停止，不公平和欺压还没有停止，无论是亲历过这些历史的人们还是今天的人们，他们都渴望自己的民族越来越强大，屹立于世界民族之林，希望自己成为披荆斩棘、不畏强暴、顶天立地的大英雄，能拯救国家、民族于危亡之时。

但随着时代的发展、多元化的交杂、大众传媒时代的到来，传统意义上的英雄已经无法满足当代大众的审美追求，如今的英雄正在慢慢发生着变化。军人不再是一群面无表情的战士，而是一群嬉笑怒骂、有悲欢离合的血肉之躯。

1. "高、大、全"形象的凡夫俗子化

20世纪90年代以来，价值观念呈现多元化。在经济大潮的冲击下，随着大众审美追求的提高，观众不会再为传统的英雄激动，他们更需要贴近自身生活的英雄形象。他们意识到无论是普通人还是英雄，首先都是人，都是现实生活中有着各种欲望的鲜活的生命个体。人无完人，只有对他们心灵的深刻揭示，才能创造出充满人性的英雄。

黑格尔在分析荷马史诗的英雄人物时曾经说："每个人都是一个整体，本身就是一个世界，每个人都是一个完满的有血有肉的人。"他在论述人物性格时说，理想的人物性格要具有"明确性""丰富性"和"坚定性"，在他一个人身上集中且生动地表现出多方面的人性和民族性。正如黑格尔所言，20世纪90年代以来的英雄拥有的不再仅仅是高大的躯壳，英雄已经成为有血有肉丰满的人（图3-11）。

图 3-11 片段

图 3-11　国庆献礼影片《我和我的祖国》中，每个故事、每个角色都带来了满满的感动与温暖。《护航》中的女飞行员的造型，英姿飒爽，倔强又不服输，戴着墨镜和穿着制服的模样帅气十足，展现了女性飞行员的平凡与伟大，值得被尊重。

2. 政治英雄的知识精英化

我国的国防和军队建设正朝着"富国强军"这一目标奋进。怎样才能强军呢？首先要提高军人的整体素质。纵观近几年的军旅题材电视剧，《DA 师》中的师长龙凯峰（图 3-12），《垂直打击》中的大队长杨亿，《导弹旅长》中的旅长江昊，《旗舰》中的郑远海，他们都是具有高学历的人才。这种变化既是影视作品所表现的高科技部队的战斗生活所赋予的，也是对传统英雄模式的一种突破。

这种知识型军人有一些共同特点，使他们与老一辈军人形象有了很大的不同。他们摆脱了传统形象，在屏幕上开始了丰富多彩的物质生活和情感生活。

图 3-12 片段

图 3-12　电视剧《DA 师》中的龙凯峰与传统军人形象相差甚远，他不但在工作和生活中不那么严肃而且让人惊叹的是他开豪车、住豪宅，打破了老一辈军人的清苦形象。DA 师师长龙凯峰无论在军事方面还是文化方面，素质都是一流的，是用最新科技、最新战略战术武装起来的知识型军人。

3. 新型军人的风趣幽默化

喜剧与军旅题材作品的结合，是近年来戏剧影视作品中的一种新现象。在以往的戏剧影视作品中，军人形象一般都出现在正剧中，总是以不苟言笑的形象呈现在观众面前。

情景喜剧《炊事班的故事》打破了以往电视剧中军人形象的塑造模式，第一次用诙谐幽默的方式、夸张的艺术手法来塑造军人形象（图3-13）。这种新兴军旅剧样式的出现，获得了空前的好评。

图 3-13 片段

图 3-13　喜剧与军旅题材的结合，衍生出了许多新的军人形象塑造样式和叙事方式。喜剧元素应用在军旅剧上应该是戏剧影视创作的一大突破。《炊事班的故事》将军营文化与电视娱乐紧密结合，从部队日常生活取材，把战士日常生活中一些司空见惯的小事情、小矛盾，通过夸张、变形、机智、讽刺等手段展现出来，给观众带来快乐。

二、革命题材、军旅题材人物造型设计的原则

1. 人物造型设计要凸显"红色岁月"和"红色记忆"

"红色经典"人物造型的创作不仅仅是要引发人们的怀旧情结，更担负着引领当代人对历史的认同感，肩负着传承认知的使命。人物造型设计师的工作就是给演员一个符合角色的外形，帮助演员完成角色。一个演员首先要像这个角色，才能让观众接受他。人物造型要神情兼备，让观众得到一种艺术的享受。

反映革命历史是军旅题材作品的一个重要内容。可喜的是，近年来反映"红色岁月"和"红色记忆"的作品，终于在历史和艺术的缝隙中找到了更具有当代色彩的叙事内容和叙事角度。

正是在这个意义上，戏剧影视作品在历史理性和艺术真实上都表现出难得的价值。这些作品在情节安排上已经不再刻意渲染军人这一身份所具有的符号化特征，更多的是从情感的角度出发，展现其人性、人情。亲切的家庭伦理叙事手法和英雄"平民化"的人物塑造拉近了作品与观众的距离。可以说，对普遍的人性的反思是这些艺术作品产生巨大魅力的重要因素。

在这类题材中，妆容设计可以帮助渲染在特定环境中的故事情节，烘托气氛，传递空间信息。战争中的伤痕血迹、硝烟炮火的痕迹、污泥灰垢、遭受严刑拷打后皮开肉绽的血污、冰天雪地里的凛冽寒气、干裂的嘴唇、烈日暴晒的皮肤、疲倦的眼神、伤心的眼泪等，可以渲染情绪、营造气氛、增加人物形象的感染力，使情节更加动人。这样的造型传达给观众的艺术信息是丰富的，内涵是深刻的，是难以用文字语言形容和表达的（图3-14）。

图3-14　电视剧《亮剑》中的李云龙桀骜不驯，不按常理出牌，甚至身上带有明显的匪气，这种角色特点与以往军旅剧中纪律严明、训练有素的军人形象有很大的不同。

图3-14 片段

2. 人物造型设计要体现"科技强军"的现代化进程

在"科技强军、科技强国"的口号下，军队的现代化建设进入新的时期，军旅题材影视作品中的人物造型设计也出现了新的风貌。我们要紧跟时代的步伐，通过表现手法的推陈出新，塑造出符合人民群众期待的军人形象，弘扬爱国主义情怀，传递明确的价值观，展现新时代军人的风采，表现我国科技强军的现代化进程。从而达到有效传播我国军人形象的效果。面临这么多的困难和挑战，如何担负起保家卫国的重任，军旅题材的人物造型设计也出现了新的转机，就是要体现"科技强军"的现代化进程。

3. 人物造型设计要抒发"红色浪漫"和革命情调

与从战火纷飞中走过来的老一辈无产阶级革命家的命运遭遇和新形势下"科技强军"的中坚力量不同，出生于 20 世纪 60 年代，参军于七八十年代的一代人，则是在军营中度过了浪漫的青春。

20 世纪 60 年代出生的人有着大起大落的人生、张扬的个性。虽然外表玩世不恭，实际上他们心中的理想始终没有泯灭。"红色浪漫"源于这一代人对青春的怀念，对他们来说，青春依然是美好的（图 3-15）。

这 3 类军旅题材作品给观众不同的审美享受，同时体现了在新的历史条件下，人物造型设计师对军人造型新的思考。

图 3-15 片段

图 3-15 《幸福像花儿一样》讲述的是部队大院里一代年轻军人的爱情和婚姻，以及他们的人生追求。杜鹃是一位纯洁善良的军营舞蹈演员，她十几岁当兵，早期造型简单、直爽、倔强、毫无心计，她唯一的理想就是在部队好好跳舞。在人心惶惶的大裁军时刻，单纯的她一直坚信凭自己的业务能力不会转业。婚后，在婆婆强烈要求她离开部队的压力下，她依然明确而倔强地坚持着自己的事业追求。十年的人生起伏，始终如一地坚守心中的那份原则，去追求属于自己的那份幸福，从一个柔弱的女孩造型到渐渐成熟独立的造型。

第三节　都市题材人物造型设计与时尚的结合

人物造型作为一种视觉艺术，本身存在着立体感、质量感及空间感。不同风格的服装、配饰、妆容和发型的运用，使都市题材的戏剧影视作品表达的基调也不同。都市题材的戏剧影视作品对于时尚的美学价值提出了很高的要求，而人物造型也早已成为吸引眼球的独特手法，尤其是在都市剧这样无法在场景上大做文章的作品类型，人物造型设计无疑承担了丰富视觉效果、提升作品质感的重任。

都市题材戏剧影视作品带给观众的是视听综合的艺术感受，更是一场视听的艺术盛宴。它代表着全民的艺术气息和文化成就。在整部作品中，服装、配饰、妆容、道具、演员、色彩是根基，它们令观众过目不忘，成为观众回忆戏剧影视作品的最佳方式。

时尚在都市题材戏剧影视作品中的价值创造有其特殊性：时尚的创意标准主要取决于它的格调或内涵，时尚所传达出来的某种意味、意趣、价值和情感等属于文化艺术、精神心理方面的内涵，可以传达戏剧影视作品的核心内容；时尚格调的高低差别很大，与作品的价值存在等量关系。

一、都市题材人物造型元素与时尚结合的方法

都市题材戏剧影视作品除了要有丰满的剧情作为主要支撑外，还需要时尚的人物造型元素来为作品增光添彩。时尚的人物造型是承载都市题材戏剧影视作品的一个基石。这类题材中角色的生活方式、举手投足、服饰、妆容、神态，甚至他们的喜好都可能成为一种时尚。人物造型不仅引领时尚，时尚也创造人物造型，人物造型与时尚是齐头并进、相辅相成的关系。

戏剧影视作品和时尚的结合，使我们的世界变得更加
丰富多彩，同时也塑造了戏剧影视作品中一个又一个
的经典形象（图3-16）。

图 3-16 片段

图 3-16　电影《蒂凡尼的早餐》是奥黛丽·赫本的
一部成名作，这部电影令她名声大噪。这部影片中
有这样一个场景：她梳着高耸的头发，戴着墨镜，
穿着纪梵希设计的圆领收腰小黑裙。合体的黑色连
衣裙、典雅的黑色长手套，体现了她的优雅知性，
给观众留下了深刻的印象。

二、都市题材人物服装与时尚的结合方法

作为一种无声的艺术语言，服装在都市题材作品中表现其主题时占有极其关键
的地位。同时也可以看到服装对表达和促进影视文化发展，尤其是时装潮流具
有极其重要的作用。著名的时尚设计师乔治·阿玛尼说过："一切潮流鼻祖都
可以在银幕中挖到根基。"随着戏剧影视作品的好评或者卖座，相关的服装往
往会被追捧，甚至出现很多观众为了服装而去观看戏剧影视作品的趋势。当初
导演和制片人的设想，可能只是想通过这个时尚元素带给大家一种新鲜感，以
增加卖点，不料却成为观众从另一个角度追捧时尚的契机（图3-17）。

图 3-17 片段

图 3-17　在《绯闻女孩》这部美剧中，角色的服饰充分地满足了各个年龄层观众的需求。虽然该剧并非关于时装的，但是每
一集都跟着当季的流行走，甚至带动观众的潮流感觉，带来了市场效应。

三、都市题材人物造型中色彩与时尚结合的方法

时尚的配色包括妆容的配色和服饰之间的搭配，在都市题材作品中有着举足轻重的作用。时尚的配色是都市题材人物造型的基本元素。如何让角色形象及故事情节在观众心中经久不衰，就要有效地平衡和运用时尚色彩，把握色彩流行趋势，更好地衬托人物性格、突出主题、营造环境氛围。同时正确把握时尚的色彩规律，还有利于引导现代生活的色彩观（图3-18）。

图3-18　以《绝望主妇》为例，该剧成为都市时尚女性如何搭配服装色彩的标杆。

四、都市题材人物造型中配饰与时尚结合的方法

配饰是人物造型设计中必不可少的部分，在表演艺术空间中，与表演者直接有关系的饰品都可称为配饰。

都市题材的戏剧影视作品对时尚的引导作用不仅仅指服装，其配饰或者所用的交通工具等也会被刻意地模仿。就配饰而言，我们可以在不少戏剧影视作品中看到它们的身影，它们不仅可以丰富戏剧影视作品的情节与内容，还可以通过戏剧影视作品的关注度起到对外宣传与推广的作用。

戏剧影视作品中的配饰与时尚的结合，已经呈现出互相促进、密不可分的状态（图3-19）。

图3-19　马龙·白兰度主演的电影《英国飞车党》，当人们看到这部影片，会觉得马龙·白兰度穿着黑色皮夹克、黑色长靴，骑着黑色的重型摩托车很酷，而随着电影放映，越来越多的人开始模仿，一时间，大街小巷越来越多的人身穿黑色外套、黑色靴子，骑着黑色摩托车。那钉满了金属钮扣的皮夹克、斜戴的鸭舌帽、长筒皮靴、黑色皮手套和招牌式的紧身T恤，无一不被年轻人热烈地效仿。他所引发的摇滚风暴，从一个颇具颠覆意义的角度诠释了时尚。

图3-18 片段　　　图3-19 片段

总结

都市题材戏剧影视作品与时尚相辅相成，但有一点是可以肯定的，那就是真正令观众着迷的人物造型，必然要配合着生动且吸引人的剧情，只有这样的都市剧人物造型设计才经得起时间的考验。因此，要想设计出成功的、符合剧情需要的人物造型，就必须把握好剧本的背景，认真地思考剧中角色的形象特征，同时要结合时尚的潮流。

思考题

1. 现代行业剧中人物造型的设计要点分析。
2. 选择一部经典的现代行业剧，并分析其中人物造型设计的成功之处。

作业

根据老师所给剧本，完成剧中 2 个角色的人物造型设计。
要求：手绘、电脑均可，最终呈现为 JPG 格式的图片文件，RGB 模式，分辨率 300dpi以上，尺寸不小于 210mm×4420mm。

第四章
超现实题材人物造型设计

目标

掌握魔幻、奇幻题材人物造型设计的特点。

掌握科幻题材人物造型设计的语言。

掌握如何将仿生艺术应用于超现实题材的人物造型设计中。

要求

知识要点	能力要求
魔幻、奇幻题材人物造型设计的特点	（1）掌握角色形象的塑造方法 （2）掌握奇异特征的展示方法 （3）掌握造型形态合理逼真的设计方法 （4）掌握如何使整体风格协调统一的方法
科幻题材人物造型设计的语言解析	（1）掌握复古元素的应用方法 （2）掌握民族元素的应用方法 （3）掌握科技感元素的应用方法 （4）掌握性感元素的应用方法 （5）掌握超现实元素的应用方法 （6）掌握时尚元素的应用方法 （7）掌握仿生艺术的应用方法

超现实题材戏剧影视作品不同于其他类型的作品，有其自身的特点。相应地，超现实题材的人物造型设计也有别于其他类型的人物造型设计。

超现实题材戏剧影视作品的背景一般都是虚构的，比如未来或者其他时空，情节也是不存在于现实生活中的。因此，人物造型设计等于是要凭空创造一种造型体系，这对于人物造型设计师来说是一个挑战，同时也是一个机会。因为既然是完全创造，所以几乎没有限制，不像其他现实题材的作品需要考虑年代、地域、民族、文化等背景。超现实题材戏剧影视作品的人物造型设计有更大的空间，更强调设计感。

从出现时间来说，世界上的神话故事多产生在古代，大多数是民间长期流传下来的，比如古希腊神话等，发展到现代，又产生了许多诸如狼人、吸血鬼、女巫等超自然能力者的传说，魔幻、奇幻主要就是包括这些元素的概念化统称，这些元素在魔幻、奇幻世界中就是客观存在的。魔幻、奇幻作品以写实主义的手法展现并不存在的、想象中的神奇世界，其本质属于幻想虚构的范畴（图4-1）。

超现实题材中的科幻类戏剧影视作品不同于魔幻、奇幻类作品，是科学幻想，是基于既有科学法则的合理幻想，应遵循一定的法则，不可以违反科学事实。因此，人物造型设计也不能像魔幻、奇幻类作品那样天马行空，还要考虑现实性和合理性。

一部戏剧影视作品，只有幻想是没有意义的，超现实类作品往往是借幻想的外衣探讨并表达现实的主题。这些作品的主题往往相当严肃且具有思辨意味，因此人物造型设计也应该考虑到这些因素，在表达上要与主题相契合（图4-2）。

图4-1　在《特洛伊》这部电影中，影片的服装设计师Bob Ringwood从大英博物馆的浅浮雕人像，以及过去有关这一类电影的人物造型上寻找灵感，还参阅了大量图书资料，才设计出其中的人物造型，给影片增添了历史感。

图4-1片段　　图4-2片段

图4-2　《银翼杀手2049》讲的是未来世界中，一伙机器人叛变，搅得世界不得安宁。于是人类派了这个银翼杀手去剿匪，经历了各种磨难终于取得胜利。值得关注的是影片中所描述的未来世界，几乎都是水泥和钢铁组成的街景；看不见田野和树木，听不见蝉鸣鸟唱，甚至感受不到温暖的阳光；满目皆是光怪陆离的霓虹灯，五花八门的广告墙，听到的是高音喇叭不间断的嘶吼。在这种压抑的环境中生活，迟早要窒息而死。导演刻意营造这样的背景，就是让人们仔细想想，要是人类现在不警惕，未来世界真的可能是这样。

第一节　魔幻、奇幻题材人物造型设计的特点

随着特效制作技术极具突破性的创新发展，魔幻、奇幻题材戏剧影视作品创作呈现出前所未有的活力。《指环王》《哈利·波特》《纳尼亚传奇》等影片的相继热映在全球掀起了强劲的魔幻风潮，2009 年年底电影《阿凡达》的震撼登场更是引发了空前的观影热潮，人们对视觉奇观的期待与要求越来越高。从人物造型设计的角度来看，魔幻、奇幻题材特有的幻想空间为人物造型设计师提供了更广阔的创作自由，同时也正是这种相对自由的创作观念使很多人物造型设计师对这类人物的造型设计要素缺少理性的分析，甚至有些人物造型设计师认为魔幻、奇幻角色的形象不存在现实依据，因此无论怎样设计都是合情合理的，这种想法其实是错误的。对观众而言，虚构幻想的人物也同样存在像与不像的问题，魔幻、奇幻人物的造型设计也必然要遵循一定的创作原则与规律。

一、角色形象的塑造

魔幻、奇幻题材戏剧影视作品中出场的角色往往种类繁多、造型奇特、形象各异，为这样的题材设计人物造型难度似乎很大，不容易理出清晰的创作头绪。其实冷静分析，无论哪一种类型的戏剧影视作品，人物外形的塑造都是反映角色身份与个性特征的重要视觉信息。塑造典型环境中的典型性格，是这类人物造型设计的一个重要原则（图 4-3）。

图 4-3 片段

图 4-3　电影《ET》中的外星人造型，矮小的身形，褶皱的面庞，一对硕大的眼睛几乎占去了半张脸。这种造型很容易令人联想到婴孩的脸，当外星人睁大双眼惊异地看着周围陌生的世界时，那种形象感如同可爱的孩子迷失了回家的路，令人心生怜惜，其所传达出的天真无邪的人物性格使 ET 的形象深入人心。

虽然这类戏剧影视作品中的角色众多，族类复杂，但故事的内容大多是善与恶、正义与黑暗势力的对决斗争，因此角色的正邪划分非常鲜明，所以我们看到很多这类作品中的人物造型虽然多样却并不繁杂，形象丰富却不显混乱，观众基本上可以通过角色的外形判断出善恶。虽然这些人物造型在客观世界中并不存在，没有人能够说出他们应该是什么样子的，但当他们出现时，我们就会相信他们就是那样存在的。对这类角色形象的真实度判断不能局限于其所呈现的外形状态是否具有现实性，更重要的是其形象所塑造的角色性格是否真实（图4-4）。

图 4-4 片段

图4-4 电影《剪刀手爱德华》中，剪刀手爱德华的形象同样令人记忆深刻，造型设计独特而不失细节的刻画。影片中，爱德华是一个有一双剪刀手的机器人，具备人类的情感，性格孤僻内向，由于自身特殊的身份而无法拥有心爱的女孩。爱德华的人物造型设计采用了哥特式的造型风格，苍白的面庞、深色的嘴唇、遍布脸颊的伤痕、一头黑色的乱发，一方面显现出角色奇异怪诞的身份特点，另一方面突出了人物深沉忧郁的性格特征，显现流露出一种悲凉忧伤的内在气质。

二、奇异特征的展示

奇异是魔幻、奇幻题材戏剧影视作品人物造型独具魅力的形象特色，而夸张变形是最能体现奇异特征的表现手法。在这类题材的作品中，故事情节通常具备大量魔幻的想象夸张，对人物造型进行适度的夸张变形，可以使其更接近角色塑造的需要。在设计过程中，造型的比例夸张、形态的幻化变异、多种形象的重构组合都能够对观众产生视觉感官上的刺激。

夸张的造型有时给人荒诞怪异的感觉，但这种怪异并不会让人感到虚假，因为它是结合了角色的身份、性格及非现实题材的故事风格来设计的，如果没有一定的夸张提炼，角色的奇异特征极易平凡化。这类人物的造型设计应更加敢于幻想，大胆地运用超越常态的表现方式发挥角色本身可以不受制于现实的特点来塑造形象（图 4-5、图 4-6）。

图 4-5 片段　　图 4-6 片段

图 4-6　电影《加勒比海盗》中，幽灵船长的造型也令人印象深刻。影片中，幽灵船长的头部被设计成了章鱼的模样。生活中，多足或多触手的生物往往会令人产生恐怖的感觉，人物造型设计师在章鱼原型的基础上夸张了触手的数量，使整个头部被包围在层叠的触手中，当人物说话或走动时，畸形的触手四处张扬，如幽灵怪物般诡异邪恶。除了多种形态的组合以外，身形比例的变化也能够使整体造型产生明显的异化效果。

图 4-5　电影《阿凡达》中，诸多生物造型都运用了夸张变形的设计元素，如纳美人的造型设计。她身材高大，拥有人类的面庞、猫一般大而明亮的眼睛，海蓝色的皮肤使人物一出场便产生令人惊异的视觉效果，人物造型设计师将人与兽的形象特征巧妙地融合在一起，通过形与色的变异，夸张地突出了角色的奇幻特性。

三、造型形态的合理逼真

很多人物造型设计师在为这类角色设计造型时总会认为夸张变异的生物可以随心所欲地发挥想象，不必考虑合理性的问题，这种认识显然是不正确的。虽然很多魔幻、奇幻人物的造型与现实中的人物形象截然不同，但从大量影视作品中我们不难发现，许多魔幻、奇幻人物形象的原型其实都来源于现实生活中的各种生物。所以我们在设计时要遵循以下几个原则。

（1）在设计上要对传统元素进行转用、沿用、截取使用，使其拥有文化属性。

（2）人物造型要对当下的文化因子进行考量，确保环境与人物造型的有效融合。

（3）善于应用仿生和符号设计，在设计中隐喻内涵，与观众形成情感共鸣，满足其审美需求。

由此可见，造型的夸张与变形绝非盲目，合理的结构变化才能够被人接受，才能够确保并增强这类角色的可信度。造型结构的合理性是影响这类人物造型逼真性的一个重要因素（图 4-7、图 4-8）。

图 4-7 片段

图 4-7　电影《纳尼亚传奇》中，人马战士的造型就是结合了现实生活中人与马的身体结构设计而成的。影片中，人马战士的造型采用了真人与电脑动画相结合的制作方式，在实际生活中人与马的身形比例存在一定差距，如果直接合成造型，比例很容易失调，因此在拍摄时，人物造型设计师专门做了供人马演员行走的平台，提升演员的高度，合成时再将调整后的上半身连接在马脖子的位置，保证了形体结构的合理性，增加了角色形象的美感与真实性。

图4-8　电影《阿凡达》在最初的概念设计时，人物造型设计师希望能够创造出6条腿的陆地生物，但是导演詹姆斯·卡梅隆并非只是盲目地强调奇幻的造型元素，他在认可这个观点前，让造型师反复思考、研究多肢生物存在的原因及他们在行动中潜在的科学依据，而且为了确定造型是否合理，制作小组还邀请动画师设计出了具体的角色画面，制作了一系列6足动物行走和跑步时的循环动画，通过严谨的讨论与动画测试，导演才认可了设计师的创意，最终我们才在银幕上看到了6足奔跑的闪雷兽等角色形象，造型奇异而不失真实。还有影片中的灵魂树、螺旋红叶、飞龙等很多造型，都借鉴了现实生活中动植物的外形特征，并有专业的动植物学家参与造型设计，使这些生物的存在具有更强的真实性和说服力。

图4-8 片段

四、整体风格的协调统一

与画家纯粹的绘画创作有所不同，在戏剧影视作品中，人物造型设计师在确定设计方案前，需要对剧本的题材以及整体的美术造型风格进行深入研究，并不断与导演和服装、美术等部门沟通探讨。尽管这类人物的造型设计可以具备夸张变异的特点，但不同的题材，不同的美术风格，人物造型的设计也会呈现出不同的视觉风貌。例如都是魔幻、奇幻题材的作品，都是模拟动物的角色，《人猿星球》中的猩猩和《西游记》中孙悟空的造型风格就有较大的区别。虽然《人猿星球》与《西游记》都属于超现实题材的作品，但细分之下，《人猿星球》可归于科幻题材，《西游记》可归于魔幻题材，这两种类型作品的共同特点就是都可以把人们带入一个虚构幻想的空间，都充满了神奇的想象与夸张，所不同的是，科幻片的想象更趋向理性化，其幻想中总能蕴含一些科学的依据。相对而言，魔幻题材影视作品的想象更加自由，情节与内容的奇幻特色更加突出，因此，与纯魔幻类影视作品相比，科幻题材影视作品的造型风格往往具有更接近现实的写实风格（图4-9）。

图4-9 片段

图4-9　《人猿星球》的整体美术场景、服装、道具等都呈现出了较写实的风格。人猿形象基本依照猩猩的五官塑造，偏重写实的风格更接近于自然状态。

不同类型的戏剧影视作品会呈现不同的艺术风格，每种造型风格的设计都有其相应的特点和要求，魔幻、奇幻题材人物的形象需要在造型的独特性上做文章，但同时，人物造型设计师也必须考虑到造型的风格样式是否与所表现的故事题材、整体的美术风格相吻合，能否相得益彰（图 4-10～图 4-12）。

图 4-10　电影《指环王》中灰袍巫师甘道夫的造型加上他的招牌帽子，看起来很古老、很魔幻，但是又不会太夸张。

图 4-10 片段　　　图 4-11 片段　　　图 4-12 片段

图 4-11　电影《指环王》中所有演员穿的戏服里没有一件新衣服，成百上千个人物，每个人物的戏服都需要兼具美观和实用性。例如，哈比人崇尚自然，服装元素大多采用天然的材质，风格受到古埃及的影响，他们穿的裙衣带有象征自然的颜色，主要是绿色、黄色、棕色，这些衣服上都有铜扣。为了强调哈比人个性中滑稽爱玩的一面，还加了一些奇特突兀的东西，如他们的裤子和衣袖都很短，纽扣很大，而且衣领也不对称，他们的口袋缝得高一点，所以当他们把手插进口袋时，看起来很滑稽。

图 4-12　电影《指环王》中精灵们的造型呈现出高贵优雅的气质，服装用的颜色有青苔般的绿色、树皮般的棕色和清淡的绯红色，同时带有一种中性的气质和古旧的质感。

结语

一部成功的魔幻、奇幻题材影视作品，离不开人物造型设计师对角色外形的精确塑造。幻想类作品有其特殊的奇异特征，但奇异夸张的造型也必须具备其存在的真实性、合理性。个性的彰显，适度的夸张，合理的结构，风格的统一，任何一点都会影响整体造型设计的成败。这类角色虽然有着超常的外表，与众不同的特征，但他们不是面具，也不是玩偶，他们也有着完整的容貌、独立的思维、迥异的性情。如同演员，虚拟角色也需要人物造型设计师倾注更多的心力和创造力帮助他们完成精彩的表演。

第二节　科幻题材人物造型设计的语言解析

戏剧影视语言的表达离不开人物造型的配合。科幻题材人物造型语言就特别需要精心设计。由于题材的特殊性，在某种程度上人物造型设计可以尽情地创造，也可以说是在"发明"一种未来的、科技化的造型体系。

但是，太阳下没有真正新鲜的事物，科幻题材的想象力也无法超出柏拉图为人们画下的认知洞穴。人物造型设计师想象力再丰富，也无法创造出自己从未见到的未来和异世界的造型。因此，这类戏剧影视作品中看似神奇的人物造型也是由现实中的事物经过合理想象创造出来的。下面我们来分析这类戏剧影视作品中人物造型设计的语言元素。

一、复古元素的应用

这类戏剧影视作品往往有一种浪漫情结，高科技的未来也会有某种文化的回归。复古的人物造型元素代表一种正统、高贵的感觉，因此为很多作品所青睐。这些人物造型设计虽然带有明显的复古倾向，但任何一个角色都会因为造型的奇特并富于想象力而被打上"未来"的烙印（图4-13）。

图4-13　著名科幻史诗电影《星球大战》（第五十届奥斯卡最佳服装设计奖）系列中，大量采用了复古的人物造型设计。影片中参议员的装束明显带有文艺复兴前后欧洲上流社会男装和中世纪道袍的影子。而女主角阿米达拉和莉亚公主的华丽服装融合了各种时代的风格，而且制作精良，大量的刺绣、珠绣、宝石装饰强化了本来就夸张的服装廓形。复杂的头冠和发型是华丽的符号，也是造型最大的特点之一，暗示了角色身份的尊贵。

图4-13 片段

二、民族元素的应用

民族元素也是科幻题材戏剧影视作品中常见的造型语言。它除了像复古元素一样，在形式上比较华丽，还因为其本身具有一种神秘性。人物造型中的民族元素选取主要集中在民族服饰的穿搭方式、民族色彩的选取、民族图案的应用上，其中日本、中国、印度等国家独特风情的民族元素尤其受到观众欢迎。这些民族元素的应用，不仅能为人物造型设计增添浓厚的民族气息，同样也能够让这些民族文化得以传承和发扬光大（图4-14～图4-17）。

图4-14 片段　图4-15 片段　图4-16 片段　图4-17 片段

图4-14　《黑客帝国3：矩阵重组》中，主角尼奥的黑色长风衣采用了中式的立领设计。

图4-15　恐怖科幻影片《刀锋战士》系列中，主角的配饰是一把日本刀。

图4-16　《星球大战》系列中，天行者和杰迪武士等武斗角色的服装设计也都是日式风格：天然素色面料，对襟的武士服，层叠穿法。

图4-17　《星球大战》系列中，阿米达拉女王也有模仿艺伎造型的服饰和妆容，大胆采用红色、白色和金色。另外还有折扇造型的头冠、宽大衣袖及宽阔腰带等和服元素。

三、科技感元素的应用

科幻题材戏剧影视作品最重要的元素之一就是科技，因此人物造型设计也不同程度地凸显科技感。科技感在人物造型设计中并不是新鲜概念，早在20世纪60年代，设计师皮尔·卡丹就发布了有浓厚太空味道的摩登设计：透明塑胶首饰、透明款式的太阳镜、尼龙袋子、易洁的涂层滑雪长靴等，各种造型夸张的服饰一应俱全。在发型上也别出心裁，各种色彩的头发挺直地向上竖立。科幻题材戏剧影视作品中的人物造型设计不仅着力表现高科技，同时也是高科技的一种体现：冰冷的色调，金属感，反光面料，透明材质，极简的设计，这一切都强调着与天然相反的机械感和冰冷感（图4-18、图4-19）。

图 4-18 片段　　图 4-19 片段

图 4-19 《美国队长》和《钢铁侠》中的人物造型设计，都给人以机械感和冰冷感。

◀图 4-18 《黑客帝国》三部曲中，人物造型设计的主要色调是冰冷的黑色，少量银色及漆皮的反光，几乎没有其他色彩，强化了未来世界人被机器统治得令人窒息的绝望感觉。款式设计也极其简洁，大多是贴身的修长款式，风衣和披风也仅仅是为了动作场面的视觉效果而设计的。

四、性感元素的应用

随着人类社会的不断发展，科幻题材戏剧影视作品的人物造型也越来越朝着开放、性感的方向发展，弹力紧身衣、透视装、内衣外穿等性感元素在今天的科幻题材影视作品中十分普遍，塑料、金属等非服装用材料增加了服装的性感指数（图4-20、图4-21）。

图4-20 片段　图4-21 片段

图4-20　由游戏改编的科幻电影《生化危机》中的紧身造型。

图4-21　漫威女英雄形象和由漫画改编的超级英雄电影《X战警》《魔力女战士》中，紧身且反光的皮装大行其道，使人物兼具野性与性感两种气质。

五、超现实元素的应用

科幻的大胆想象有时候会使戏剧影视作品带有超现实主义的色彩（图4-22）。

图4-22 片段

图4-22 电影《红菱艳》令人难忘的主要原因在于其人物造型呈现出一种超现实主义的美学特征。其人物造型使用了那个年代的人们从未见过的色彩，最令人难忘的是女主人公舞台妆容的设计，化妆师特意斜着画下眼线，使其超出眼眶范围，并在眼角和眼尾使用了红色，再配上火红的头发和猩红色的嘴唇，增强了妆容的戏剧性。

六、时尚元素的应用

事实上，时尚与戏剧影视作品的联姻从来就没有停止过。科幻题材戏剧影视作品里也不乏时尚元素的应用（图4-23、图4-24）。

图4-23 片段

图4-23 电影《流浪地球》作为中国第一部真正意义上的科幻影视作品，不仅带着中国电影正式走入"科幻元年"，还尝试了与时尚的跨界。可以说，《流浪地球》打造了时尚科幻中国风，是一部兼具先锋未来感和传统中国味的时尚大片。太空元素、蒸汽朋克、金属色的运用，为影片的人物造型增添了满满的时尚色彩。

图4-24 担任电影《天空上尉与明日世界》造型设计的是新锐设计师Stella McCartney。这是一部怀旧电影，所以人物造型设计师以20世纪40年代的好莱坞经典女明星为蓝本，设计了一系列无比优雅的服装，让我们重温了好莱坞的黄金时代。人物造型所呈现的感觉与科幻片的题材紧密吻合。

七、仿生元素的应用

科幻题材人物造型的仿生包含原生态仿生、科技仿生和功能仿生 3 个方面，它是一种创造性思维的应用，是对自然物种的认识和再创造的过程。在这个过程中，既不可缺少对深厚历史文化的学习，也离不开与自然亲密接触的过程，更离不开与生态环境和谐共存的理念。科幻题材戏剧影视作品的主题除了对人类未来生活的异星球空间及科技发达的机器人世界的想象之外，还涉及了物种的变异产生的一系列奇特变化，这些离奇的变异物种源于人们对生态起源的研究与探索。人物造型借用人们对大自然的崇拜，并融合了多种设计元素，从自然物种的不同方面进行设计，它以最接近人们生活又颠覆传统常规的戏剧性造型风格，为观众呈现了一个充满神奇、幻想又惊险的科幻世界。人物造型融合人们对大自然的崇拜及多种设计元素，在单一的仿生艺术中，从原生态的不同方面进行提取设计，呈现出融合多样性的造型戏剧性风格的仿生艺术效果。

科幻题材人物造型与原生态相结合的艺术设计形成了新的秩序，是人物造型中仿生艺术的创新表现形式。原生态是人类赖以生存的自然环境，是孕育生命的发源地。从古至今，人类从其他生命群体中借鉴、寻找适应大自然的生活能力，不论是在时代更迭、科技发达的当今社会，抑或是在预知未来的科幻类戏剧影视作品中，仿生艺术都以其独特的形式为人类探索自然环境的奥秘提供着巨大的帮助。人物造型与仿生元素相结合，使科幻题材人物造型设计拥有了新的灵感，是人物造型中仿生元素的创新表现形式。例如，自然环境中的声、色、形以及一些无形的功能，都可以应用在人物造型设计中。在这个过程中，我们首先需要对所模仿的生物进行细致的研究分析，把握其最鲜明的艺术特点，再根据自己的设计理念对其进行解构重组，以达到创新的目的。科幻题材人物造型的仿生突出表现在对造型、色彩、图案、性能这 4 个方面的模仿，我们可以根据人物造型的设计需要选择其中的一两个方面进行创作，融合未来感和幻想性，表现出神奇、另类、前卫的艺术特色。

1. 原生态仿生——异星种族的形象塑造

原生态仿生是对大自然环境及物种的颜色、形状和图案的抽样提取。人物造型设计师以自然物为灵感，利用与人类最接近的原始人类形象来塑造异星种族的形象特征；把自然物表面的特殊肌理作为模拟和借鉴的对象，人为地将研究对象表面肌理再造到异星种族的形象上；再将自然物表面的颜色移植过来，利用它们与地球人形象上的对比与矛盾，带给观众视觉上的冲击，也为表现科幻题材戏剧影视作品的主题思想提供了强有力的视觉支撑。这样的人物造型设计既传达出亲切温和的自然情趣，又能带给人们丰富多彩的视觉和心理体验（图 4-25）。

图4-25　电影《阿凡达》运用原生态仿生设计创造了一个神奇、美丽的异星世界，运用原始服饰对原生态仿生的人物形象进行设计，动物骨骼、植物藤蔓成了服饰的主要元素，遮羞蔽体的皮裙和藤绳设计，搭配穿孔、打洞、系结等原始服装设计手法，将原生态背景描绘得如此逼真。除此之外，片中纳美人的形象给观众留下了深刻印象，神秘的深蓝肤色及隐约的黯淡花纹是对原生动物色彩、图案的设计提取；长长的尾巴、尖尖的耳朵，还有被放大的四肢都是基于动物身体构造的仿生设计。甚至纳美人敏捷的动作、迅速的奔跑和灵活的弹跳设计也都离不开动物的灵感启迪。人物造型的原生态仿生艺术为科幻题材戏剧影视作品塑造出了既夸张又生动的异星种族形象。

图4-25 片段

2. 科技仿生——人物造型的双重表达

科技仿生是在科学技术的基础上结合仿生设计，以生动形象的仿生色彩、仿生图案及仿生性能形成独特的造型仿生艺术，在科幻题材戏剧影视作品中突出表现为双重人物造型的艺术表达。在科幻题材戏剧影视作品中，主角的人物造型往往是随着剧情的变化而改变的。

观众对于超级英雄形象的了解是从他们的造型开始的，超级英雄的造型设计与普通人的造型设计不同。普通人的造型设计要根据故事情节设计出符合角色特点的造型，而超级英雄的造型设计更多的是展现英雄高大的形象，给人以震撼的力量感，树立起超级英雄在观众心目中的地位。科技仿生的应用使超级英雄的造型更具独特性，更利于他们展现正义和力量，突出他们英雄的形象。

从他们的服装、配饰到随身道具及交通工具的设计，无不充满了高科技的影子。这些科技仿生的应用让超级英雄的形象更加立体、有血有肉、个性鲜明，也让超级英雄有更强的信服感，能够提高观众对他们的认知度，提升了戏剧影视作品的影响力（图4-26、图4-27）。

图 4-26　电影《蜘蛛侠》以科技仿生的造型形象区别于普通影片中的英雄形象，最鲜明的艺术表现就是所有的超级英雄都有一套造型奇特夸张的英雄服饰。如蜘蛛侠的红蓝色紧身衣仿照红蓝蜘蛛色彩，图案上运用了蜘蛛网格的视觉设计，人物所施展的超能力也是吐丝、攀爬等。

图 4-26 片段　　图 4-27 片段

图 4-27　电影《蝙蝠侠》的战袍颜色、头盔的形状及专属战车都仿照了蝙蝠的色彩、形状进行再设计。影片中，在他们没有使用超能力时，只是生活中的普通人，从事着一份普通的工作，造型也没有奇特的变化。相反，在危急时刻就会激发体内的超能力同时转化造型，行侠仗义拯救世人。人物造型的仿生元素随着故事情节的变化所产生的人物双重形象的表达，为科幻影视作品增添了视觉冲击和艺术魅力。

3. 功能仿生——颠覆传统人物造型

所谓功能仿生是超越原有仿生设计的表象性模仿，而上升到提取生物特有的属性及功能性的人物造型设计。大多数仿生造型设计都会以生物的表象特征为设计的核心内容，但在部分科幻影视作品中，则运用了具有生态功能特性的服装仿生元素来丰富电影画面的视觉效果。服装的功能仿生元素包括了水的流动性与多变性、火的燃烧性与破坏性、生物的防护性与自身特性等（图4-28）。

在实际设计工作中，并不是各种元素的简单堆砌，而需要合理及富于创造力的组合和取舍。人物造型设计师应该在工作过程中积累经验，综合多方面因素，使设计别开生面，为戏剧影视作品锦上添花。科学幻想是没有尽头的，同样，设计也没有疆域，科幻类人物造型设计还有更大的空间等待我们探索。

图4-28 片段

图4-28　科幻电影《神奇四侠》中，4位主角在一次太空冒险中被赋予了异于常人的超能力，"隐形女"的隐身能力像大自然中动物的保护色一样，起到自我防卫的作用；"霹雳火"是针对火的形状、颜色及燃烧时的破坏性进行艺术创作加工；"石头人"则是将功能仿生与原生态仿生相结合，根据自然界石头的形状、颜色及质地性能进行超能力的艺术创作。功能仿生设计为影片创造了新的视觉亮点和娱乐效果；超出人们思维想象的人物造型，颠覆了传统意识中的造型概念，使人物造型成为科幻电影中丰富影片艺术效果的重要手段。

思考题

1. 人物造型设计在科幻题材戏剧影视作品中的作用有哪些?

2. 举例说明科幻类人物造型设计的特点?

3. 奇幻题材戏剧影视作品中的人物造型设计常用语言有哪些?

4. 选择一部经典的魔幻类电影作品,并分析其中人物造型设计的成功之处。

作业

根据教师所给剧本,完成剧中 2 个角色的人物造型设计。

要求: 手绘、电脑均可,最终呈现为 JPG 格式的图片文件,RGB 模式,分辨率 300dpi 以上,尺寸不小于 210mm × 420mm。

第五章
人物造型的色彩设计

目标

掌握人物造型色彩基调选择的方法。

掌握根据角色特征进行人物造型色彩设计的方法。

掌握根据人物心理特征设计色彩的方法。

要求

知识要点	能力要求
人物造型的色彩设计概述	（1）了解人物造型的色彩设计 （2）了解色彩是人物造型设计中重要的视觉元素
人物造型色彩的基调选择	（1）掌握人物造型色彩基调选择的依据 （2）掌握表现人物造型色彩基调效果的主要手段 （3）掌握影响人物造型色彩基调的因素
根据角色特征进行人物造型的色彩设计	（1）掌握根据角色的外在特征设计色彩的方法 （2）掌握根据角色的心理特征设计色彩的方法

第一节 人物造型的色彩设计概述

一、什么是人物造型的色彩设计

人物造型的色彩是形成戏剧影视作品色彩节奏变化、旋律起伏的重要元素。人物造型的色彩设计在戏剧影视作品中占据十分重要的地位，它的文化含义远不能用语言来表达，如果少了它，戏剧影视作品就如同少了灵魂。

人物造型的色彩关系是整个戏剧影视作品中最活跃的要素之一。人物造型的色彩形状可以是"万绿丛中一点红"的色彩斑点，也可以是构成画面的大色块，还可以是通过若干人物造型与环境色的整体调配，贯穿整个戏剧影视作品的色彩线、色彩流、色彩旋律。

二、色彩是人物造型设计中重要的视觉元素

1. 人物造型的色彩流动性烘托表演空间气氛

戏剧影视作品的空间气氛，不仅依靠环境色彩或情节来烘托渲染，人物造型的色彩也起着非常重要的作用。人物造型的色彩具有一定的流动性，一旦介入某一空间后，可以使戏剧影视作品的环境气氛得以改变。人物造型的色彩犹如移动着的色块，在影视画面中随着影片的流动而发生效力。如果人物造型设计师在设计中能够从整个影片的空间气氛、情节发展的角度来进行整体的构思，就会将人物造型色彩的流动性作为表现空间气氛和角色心理的一个重要因素来考虑和设计（图5-1）。

图 5-1 片段

图 5-1 影片《花样年华》中张曼玉饰演的孙丽珍一共换了20多件不同的旗袍，那些如花朵般不停绽放的色彩与流动的纹饰，生动地将一个年轻女子对爱的热情与期盼展露无遗，在画面同一空间不断延续的同时，旗袍颜色的变换也告诉人们时间在流逝。

2. 人物造型的色彩设计对观众的视觉冲击作用

（1）人物造型中的色彩是从情绪上感染观众的重要因素。

人物造型设计师与美术指导总是把色彩看作从情绪上感染观众的重要因素，他们采用比现实生活中更高、更完美的色彩，来增强画面的视觉效果，加强作品的艺术感染力。在人的视觉接收过程中，色彩最先闯入人的视域，色彩拥有不同的色相和冷暖倾向及表情特性，在服装、妆容及饰品设计上最能创造气氛（图5-2）。

（2）人物造型的色彩帮助观众融入剧情。

色彩还有对意境进行创造的能力，是观众解读剧本内涵的语汇，以色彩传情，借助色彩延伸角色的内心世界，烘托角色外部形象，帮助观众融入剧情。人物造型中的色彩设计是一个系统的构思过程。色彩作为人物造型艺术的一个重要的视觉元素，具有象征、比喻等视觉语言修辞功能；色彩是情感的象征，会让观众产生某种激情。色彩带给观众的不仅仅是丰富而美妙的画面，更是直接参与了剧情情绪的渲染和深化，使主题得到了升华。

人物造型的色彩在主观上可以作为角色情绪和性格的载体，反映出角色的性格特点、情绪心境等。所以，戏剧影视作品中人物造型的色彩具有强烈的象征性，它能够以具象的形式呈现出它所承载的抽象的信息，展现同一历史背景下的文化认同，体现角色的意识观念和审美追求。

图5-2 片段

图5-2　在《爱丽丝梦游仙境》这部电影中，人物造型用色非常大胆，鲜亮的绿色、灰色、红色、白色都有使用，甚至掺杂在一起使用。每个角色都像掉进了颜料桶：红桃皇后惨白的脸上画着蓝色眼影，"疯帽子"德普更是橙色爆炸头和桃红色的眼影，就连白皇后，也像浑身被刷上了白色油漆，还有一张暗红色的大嘴。演员夸张的妆容，以及糖果色系的画面，都让仙境营造出一种华丽怪诞的童话气氛，绚丽得"一塌糊涂"。

既然人物造型的色彩是抽象信息具象化的体现，那么对于人物造型色彩象征意义的体会就是十分必要的。某一种服饰色彩带给人们的感觉和联想能够引起情感上的共鸣，它具有象征意义，虽然不同的人对色彩的感知不同，但都能够产生不同程度的情感共鸣（图5-3）。

3. 色彩是人物造型传递剧情信息的关键所在

色彩作为人物造型设计中最重要的元素之一，往往最能够体现表意功能，它的合理运用是人物造型能够传递影视信息的关键。而戏剧影视作品中的人物造型色彩表达也应该比生活造型搭配更加考究，更注重细节，既要考虑戏剧影视作品整体的视觉效果，又要使场景氛围与剧情相契合。在戏剧影视作品中，人物造型色彩的变化在大部分情况下能够代表角色的心理变化，并且能够暗示剧情的走向（图5-4）。

图 5-3 片段

图 5-3　在电视剧《橘子红了》的人物造型中，给人印象最深的是归亚蕾饰演的大太太的造型，整体色彩华丽庄重，围绕橘子红了的情感诉求，色彩搭配特别，在衣领、肩部、袖口、衣摆、裙摆等处，不同程度地采用黄、橙、褐、金等色彩相拼的搭配手法，这些色彩完美地与整体造型、演员肤色、发式发色、服饰配件相结合，相互烘托，揭示出人物内心情绪与思想的变化；再加上少数民族绣花的补充点缀，使人物造型高贵华美，具有较高的审美品位。

图5-4 《天使爱美丽》将法国电影的浪漫情调发挥到了极致。影片运用浓郁且饱和度极高的色彩语言，将一个乐观积极的女孩的生活以万花筒的形式呈现在观众面前。影片还用人物之间的专属配色来表达每个人物的生活状况及心境，浓烈大胆的色彩特征奠定了这部影片唯美、多彩的艺术基调。影片中红色是爱美丽性格的象征色，贯穿她一生，影片运用红色的独特之处在于红色的含义随着爱美丽的心境、情感的变化而变化，童年的红色意在反衬不幸，随着爱美丽的成长蜕变，红色也越来越引人注目。

图5-4 片段

第二节 人物造型色彩的基调选择

人物造型色彩的基调选择对戏剧影视作品整体色调的影响举足轻重，色彩作为最基本的表现手段和艺术语言，有着巨大的活力，能使观众产生强烈的视觉冲击和心理反应。因此，人物造型设计中色彩的运用也成为设计师的首要表现手段，戏剧影视作品中人物造型的色彩会直接影响整部作品的基调、角色性格特征及心理情绪，它能够灵活地调度情节、烘托气氛、增强或者削弱作品的情感浓度。

一、主题和剧情是人物造型色彩基调选择的依据

人物造型色彩基调是依附于作品主题和情节的发展、起伏，来变换色彩特征与组合方式的，是用颜色来讲述不同的故事；用色彩在时代上进行分割；以颜色的象征意义带

领观众轻松走入剧情。色彩基调是通过一组带有色彩倾向的色彩表现出来的，而不是局限在一两种色彩范围内，这组色彩既相互区别又相互联系，形成了一种既变化又统一的关系。所以，人物造型设计师总是把色彩看作从情绪上感染观众的重要因素，运用比现实生活更高、更完美的色彩，加强画面的视觉效果，增强作品的艺术感染力（图5-5）。

图5-5 片段

图5-5 电影《英雄》是人物造型色彩设计的成功范例。影片以白色、蓝色、红色、绿色、黑色作为人物造型色彩基调。通常，用不同的色彩表达不同的内容，很容易给人矫揉造作的感觉，但在《英雄》中结合得非常融洽，多种色彩丝毫没有影响故事情节的整体感，达到了相得益彰的效果。白色象征最宁静的死亡，蓝色象征最崇高的较量，红色象征最炽热的生命，绿色象征最深刻的回忆，黑色象征最博大的胸怀。

二、服装色彩是表现人物造型色彩基调的主要手段

服装作为人物造型中面积最大、结构最复杂、与人体联系最紧密的要素，其色彩的选择直接影响人物造型的色彩基调。服装色彩比配饰的色彩和面妆的色彩更具视觉冲击力，所谓"远看色、近看花"，尤其在远处，人们对人物造型的第一印象往往来源于其服装的色彩，服装的色彩运用得好，往往能给观众留下深刻的印象。所以，我们要创造性地构建人物服装色彩体系，增强作品的感染力（图5-6）。

图5-6 片段

图5-6 电影《十面埋伏》以红色、绿色、蓝色3种颜色为主色。因敦煌壁画多以蓝色、绿色、红色为主，故而得名敦煌色。该片无论是花团锦簇的牡丹坊还是烂漫的草海、幽深的竹林，都是以敦煌色为基调的。

三、色彩本身的属性是人物造型色彩基调选择的重要因素

在人物造型色彩的处理上，利用色彩本身的明度、色相、纯度、冷暖等属性反映人物的性格特征、内心世界、审美情趣、审美价值表达，是最简单、最直接的表现形式，可以在短时间内吸引观众的注意，起到传达动画、记忆信息的作用，也是人物造型色彩基调的表现手段（图5-7）。

四、影响人物造型色彩基调的因素分析

1. 正确认识灯光对人物造型色彩基调的影响

对于人物造型色彩而言，灯光对它的影响比较大，因此在设计过程中应充分考虑灯光因素。巧妙地运用灯光，能够充分营造出优质的表演氛围，调动观众、演员的积极情绪与情感。同时，灯光能够对人物造型予以有效的辅助，充分发挥巧妙点缀的作用。巧妙运用灯光，可以使整个表演环境与角色融为一体，构建统一、和谐的动态情景。

第一，从补色法入手分析，如红色调的人物造型在绿色灯光下，会呈现黑色的视觉效果；黄色调的人物造型在蓝色灯光下，会呈现出黑色的视觉效果。

第二，从叠加法入手分析，人物造型色彩与灯光颜色相统一，会产生重叠效果，从而对人物造型的色彩有强化作用，如蓝色调的人物造型与蓝色灯光搭配，就会使人物造型色彩更加浓郁。

图 5-7 片段

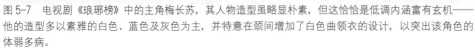

图 5-7　电视剧《琅琊榜》中的主角梅长苏，其人物造型虽略显朴素，但这恰恰是低调内涵富有玄机——他的造型多以素雅的白色、蓝色及灰色为主，并特意在颈间增加了白色曲领衣的设计，以突出该角色的体弱多病。

2. 人物造型色彩基调与表演环境的关系

人物造型色彩基调与表演环境的关系就像画布底色与色块的关系，处理好二者之间的关系，可以将人物造型设计的表现力更好地诠释出来。若想突出人物造型、增强视觉冲击力，主要的配色技巧包括以下 3 种。

第一，冷暖配色。将人物造型色彩基调与表演环境用冷暖色调相区别，会产生强烈的对比效果，从而起到突出人物造型的作用。

第二，互补配色。互补色本身就带有对比意味，因此将人物造型色彩基调与表演环境设计成互补色并同时出现在画面中，能使画面形成一种对立的视觉特征，从而给观众留下深刻的印象。

第三，纯灰配色。即便是同一种颜色，也会因饱和度的不同而呈现出"纯"与"灰"的不同效果，饱和度高的颜色显得鲜艳，反之显得晦暗。将人物造型色彩基调与表演环境设计成鲜艳与晦暗的颜色搭配在一起，通常会更加吸引观众。

第三节　　根据角色特征进行人物造型的色彩设计

在为戏剧影视作品中的人物造型设计色彩时，需要依据角色的社会地位、宗教信仰、政治倾向、民族、生活方式、职业特征、性格特点和审美情趣、情绪变化、命运走向等因素，选择某种特定意义的色彩或象征意义的色彩，并进行恰当的组合，塑造角色形象。

一、依据角色的外在特征设计色彩

戏剧影视作品中的角色众多，角色的性别、美丑、高矮、胖瘦等形象特征和角色的社会地位、职业特征、性格特点等都属于角色的外在特征，是人物造型色彩设计的重要依据，我们要认真分析，恰当运用色彩来彰显人物特质。

1. 通过配饰的色彩展现角色外在特征

通过角色不同部位的配饰色彩来凸显人物造型的独特性不失为一种另辟蹊径的方法。因为配饰的装饰位置灵活多变，色彩搭配方式丰富多样，我们可以利用独特的配饰色彩转移观众的注意力，使观众看到角色形象中美好的部分或者是人物造型设计师重点强调的人物造型部位（图5-8）。

2. 从材料入手展现角色外在特征

人们在观看戏剧影视作品的过程中，最先关注的往往是人物造型中各元素的色彩和款式，而不是材料的选择。值得注意的是，材料的合理应用既有利于服装、配饰等的制作，同时还能丰富人物造型语言，提高服饰的质感。

图 5-8 片段

图 5-8　电视剧《辣妈正传》在夏冰这个人物造型设计上，可以看到衣服撞色的大胆运用，用色彩带给观众视觉冲击。夏冰在时尚杂志社工作，性格张扬且特立独行，属于那种在人群中一眼就能看见的人，所以才会有这样大胆的服装配色。在剧中，但凡是外景夏冰都会佩戴太阳镜，这样的细节设计也是源于遵循夏冰的性格，让服装配饰都贴上了角色的标签。

随着科学技术的不断发展，新材料、新技术不断涌现。尤其是一些概念性人物造型层出不穷，使人物造型设计理念也在不断更新。受演出经费限制，人物造型设计通常不会采用费用过高的材料制作，但却能够利用一些创新材料来赋予其特色，比如利用特殊材料或非服装用材料来增加色彩的流动性。

首先，不同材料具有不同的质感，对光的透射、反射、吸收等也有所差异，进而也会对色彩饱和度、明度和色相等产生直接影响。表面较粗糙的材料，相较于表面光滑的材料，在色彩明度和饱和度方面较差。

其次，材料表面肌理会直接影响造型的色彩。所以，人物造型设计师在对人物造型色彩进行设计时，需要正确认识并处理好材料和色彩之间的关系，始终立足于表演的需要，选择合理、恰当的材料（图5-9）。

图 5-9 片段

图5-9　电影《无极》在人物造型设计上构思巧妙，人物造型的色彩选择恰到好处。一生都在追逐爱情的王妃倾城，透过影片的服装设计师正子公也的描绘，她的羽毛装散发出梦幻缥缈的感觉。奴隶昆仑，身怀绝技，无人能及，不过却一生飘零，正子公也便让他以一身雪白、飘逸却不失帅气的造型出现。接下来是大将军光明，威严的大将军必须统领万人征战，正子公也则让他穿戴了象征太阳的盔甲，而他心底还存有些许顽皮的个性，所以盔甲上还很巧妙地搭配了大气的鲜花做缀饰，依然不失豪气。接着是北公爵无欢，阴沉的个性还有冷酷的内心，却又崇尚自由、不愿受拘束，正子公也便以夜禽枭类头盔搭配一身雪白的盔甲来诠释他的个性。最后是个性黑暗、受限于命运掌控失去自由的鬼狼，在其服装材料的选择上，运用了大量的非服装用材料，增加了人物造型的可视性。

3. 以夸张或收敛的色彩展现角色外在特征

在设计过程中，大胆利用撞色搭配可以突出戏剧影视作品矛盾的剧情高潮，同样，利用收敛的色彩搭配可以凸显压抑的剧情走向。在设计色彩方案时，要考虑到角色彼此之间的颜色搭配，以及与剧情走向、音乐、灯光及演员妆容的搭配等，使色彩起到渲染氛围的作用（图5-10）。

图5-10 片段

图5-10　在电影《满城尽带黄金甲》中，黄色是尊贵的象征，因为自唐代以来，黄色成为中国皇族的象征。影片以金黄色为主色调，金光闪烁的人物造型，让人眼花缭乱。

4. 突出民族性和地域性色彩的特色

人物造型设计中的色彩是与服饰的色彩和图案、妆容色彩等融为一体的，要展现角色外在特征，加入民族和地域色彩不失为一种选择。在满足审美功能和实用功能的同时，还可以将深刻广泛的文化内涵和文化影响呈现出来。这一点在展现特定民族和地域角色形象特征的时候可以进行放大。不同的民族和地域，对人物造型色彩有着不同的要求。例如，中国人对红色尤为喜爱，把红色当作吉祥喜庆的文化象征，同时也比较偏爱黄色，这在古代皇族中就能体现出来。但是墨西哥却把黄色当作绝望和死亡的象征。所以，人物造型设计师要深刻了解不同地域和民族的文化内涵和色彩观念，对色彩视觉心理进行有效探究，提高人物造型色彩设计的针对性、合理性。

在人物造型设计中，色彩是与服饰花纹、配饰款式、妆容等融为一体的，在进行色彩方案的创新时，加入民族元素不失为一种选择。在兼顾写实性的同时，还能凸显民族性和地域性（图5-11）。

图 5-11 片段

图 5-11　电影《黑豹》中，利用不同的颜色区分剧中的 4 个集团。剧中非洲未来主义的色彩得到了充分的体现，人物造型设计中使用了大量的配饰，且色彩绚烂，图案颜色对比强烈，充分展现了非洲服饰色彩的特点，为剧情的发展提供了条件。

二、根据角色的心理特征设计色彩

人物造型的色彩在主观上可以作为人们情绪和性格的载体，反映出角色的性格特点、心理活动等。所以，人物造型的色彩具有强烈的象征性，能够以具象的形式呈现出它所承载的抽象信息，体现角色的意识观念和审美追求（图5-12）。

1. 色彩透视角色心理

我们可以将色彩的象征意味融入人物造型设计中，或隐喻，或突出角色的心理特征，唤起观众对角色的认知与判断。让观众感受角色的情绪变化及性格的转变。将角色心理有层次地表达出来，使人物

图5-12 片段　　图5-13 片段　　图5-14 片段　　图5-15 片段　　图5-16 片段

图5-12　在影片《大红灯笼高高挂》中红色被运用到了极致，其中冷暖色调的对比能让人立即捕捉到电影要传达的情绪。《大红灯笼高高挂》中的颂莲以饱满的大红色为造型色，如红衣、红裤、红鞋，强烈地表达了人物热烈、反叛的个性特点。

造型更有深度，角色性格演绎更加饱满。例如，用红色表现角色性格热情奔放，用蓝色表现角色性格忧郁宽广，用白色表现角色性格单纯善良等（图5-13～图5-16）。

图5-13　电视剧《且试天下》中杨洋扮演的角色有双重身份，这是其在剧中的江湖造型，名为"黑丰息"，顾名思义，其造型是以黑色和深蓝色为主的、方便打斗的简约风格，高扎的马尾，帅气中带着坚毅，很有气场。

图5-14　这一组镜头是电视剧《且试天下》中独步朝堂的雍州二殿下的造型，名为"丰兰息"，其造型以不饱和的蓝色调为主，清雅华贵，风度翩翩，刻画出角色心机十分深沉，可谓算无遗策。角色的两种身份以色彩和造型加以区分，并在不同身份和环境中切换，推动剧情不断发展。

图5-15　在电视剧《权力的游戏》中，瑟曦·兰尼斯特这个角色的造型完美地呈现了色彩对人物性格的塑造。早期的瑟曦一直是受到压制、毫无实权的王后，着装需要隐藏锋芒，显示为人妻的温良，所以其造型多采用柔和的色彩，看上去就是一位普通的贵妇形象。

图5-16　在电视剧《权力的游戏》中，国王在世时，瑟曦只好压抑自己，假扮贤良淑德，蓝绿色的袍子清雅而又温柔。大水袖、亚麻面料的袍子参考了中世纪贵族的造型样式。

2. 色彩暗示角色命运走向

戏剧影视作品由于内容体量的原因，时间与空间的跨度往往较大，剧情较为复杂，角色的命运通常都会经历较为曲折的发展变化，在这样的过程中，色彩在传达角色境遇、情绪变化等方面具有丰富而微妙的作用，也是体现这些变化最直观、最主要的表现方式。例如，在表现角色命运走向巅峰的时候，可以采用纯度较高、较浓郁的色彩，展现其春风得意的境遇；当角色命运走向低谷的时候，可以采用纯度较低、阴沉灰暗的色彩，预示其悲惨的命运（图 5-17）。

图 5-17 片段

图 5-17 在电视剧《权力的游戏》中，劳勃死后，瑟曦成为摄政太后，造型也越来越强势，服装风格随之发生明显的改变，她开始使用浓艳的色调。儿子暴毙后，爱子心切的瑟曦渐渐变得更加冷酷和坚韧，造型色彩也由棕红色系变为黑金色系。需要注意的一点是，人物造型设计师并没有让瑟曦突兀地摇身一变，把从前的造型全部丢开，而是循序渐进地产生变化，这既符合观众的心理，也能体现瑟曦逐渐掌握权力的过程。

第四节　角色之间的色彩关系处理

在戏剧影视作品中，如果说主角是红花，那么配角就是绿叶，这是一种衬托的手法。配角的造型和用色主要起衬托的作用，目的是使主角更加鲜明清晰，更好地表达作品的主题。

1. 色彩对比法

色彩对比法即利用各种色彩带给观众不一样的视觉感受，以此将主角的形象凸显出来。色彩对比法的规律是利用色彩的对比将颜色较强的那一方彰显出来。

戏剧影视作品中角色之间的造型色彩关系是在表达剧情、突出主角的原则下建立起来的，配角的造型色彩设计，既要服从主角及情节，又要考虑众多角色之间造型色彩的对比与和谐关系（图5-18）。

图 5-18 片段

图5-18　在电视剧《大明宫词》中，结合人物处境及情绪的变化，通过人物造型色彩的设计，烘托了太平公主坎坷的经历。幼年时，太平公主造型的用色为米色搭配浅橘色，活泼富丽；少年时，其人物造型的用色多为米黄色、白色、橘黄色、浅绿色等，明亮婀娜、清新动人。

2. 色彩变异法

色彩变异法主要在群众角色中使用，从而将主要角色凸显出来。简而言之，就是借助服装样式、配饰造型和妆容色彩的区别，将所要表现的角色凸显出来，使观众对主要角色的印象更为深刻。这是戏剧影视作品中使用最多的一种方法（图5-19）。

3. 色彩烘托法

色彩烘托法即借助诸多相同的事物将另外一个不同的事物烘托出来。在一些角色较多的大型场景中，人物造型的色彩具有一定的顺序，目的是防止主角淹没在众多的配角中。设计师通常会把配角的造型色彩设计得比主角的造型色彩更弱一些，以此凸显主角的色彩，形成强烈的对比，这样才可以帮助主角和配角在表演上层层烘托，相互衬托，增强剧情的层次感（图5-20）。

图 5-19 片段

图5-19 电视剧《大明宫词》中，大婚时的太平公主，造型色彩为红色、玫红色、紫色、金黄色等，艳丽华贵；婚后的太平公主，造型色彩以枣红色、棕色、深灰色和白色为主，形成了色彩上的弱对比。以公主的婚礼为分界线，婚礼之时的用色大胆明快，婚礼之后的用色阴郁沉闷，与她的处境和情绪十分贴合，让观众也能体会到她哀婉的内心感受。

图 5-20　电视剧《大明宫词》中的皇子多穿米色、金黄色或浅灰色圆领长袍，比起大臣的造型色彩，饱和度有所降低，颜色也更单调。这源于人物造型设计师的精心安排，因为在这部电视剧中，皇子的命运不佳，灰色调的造型更有利于配合他们悲凉的心境。

图 5-20 片段

思考题

1. 如何选择人物造型的色彩基调?
2. 影响人物造型色彩设计的因素有哪些?
3. 突出人物造型色彩的手段有哪些?
4. 请以经典影视剧为例，简述如何更好地处理人物造型中的色彩。

作业

根据教师所给剧本，完成剧中 2 个角色的人物造型色彩设计。

要求: 手绘、电脑均可，最终呈现为 JPG 格式的图片文件，RGB 模式，分辨率 300dpi 以上，尺寸不小于 210mm × 420mm。

第六章
人物造型的图案设计

目标

掌握人物造型设计中图案的作用。

掌握人物造型设计中图案的特点。

掌握人物造型设计中常用的图案类型。

要求

知识要点	能力要求
人物造型设计中图案的作用	（1）掌握用图案区分角色身份地位的方法 （2）掌握用图案塑造角色个性的方法 （3）掌握用图案提高人物造型的美观性的方法
人物造型设计中图案的特点	（1）了解图案的象征性特点 （2）了解图案的寓意性特点 （3）了解图案的装饰性特点
人物造型设计中常用的图案类型	（1）了解人物造型设计中常用的图案类型 （2）掌握人物造型设计中常用的图案造型手法

第一节 人物造型设计中图案的作用

人物造型设计是一个全方位的概念，人物造型的图案设计包括人物服装上的图案和人物配饰上的图案。在人物造型设计中，服装与配饰的设计往往涉及大量的图案，而这些图案的设计往往关乎整个人物造型设计的成败。人物造型各部位图案的大小、多少、位置、色彩搭配、材质的选择等，都是人物造型设计不可忽视的部分。

一、区分角色的身份地位

图案对于角色身份地位的彰显是非常重要的，是角色身份地位的重要依托，也是区分主次角色的重要依据。

电视剧《知否知否应是绿肥红瘦》中，主线围绕着内宅女人的故事延展开来。而导演不光是以盛家内宅的故事情节推动剧情，更是以每个人不同的造型来表明每个人的身份、性格。人物造型的图案设计也用一种隐喻的方式表现着角色各自不同的处境，这种手法不禁让人拍案叫绝（图6-1～图6-5）。

图 6-1 片段

图 6-1 大娘子的造型采用端庄大气的颜色和图案为其衬托，让人一看便知她是正妻。

图 6-2 片段

图 6-2 从明亮的玫红色和考究的图案设计上可以看出林姨娘风风火火、张扬跋扈的个性特征。

图 6-3　墨兰被父亲宠爱，又容貌出众、才情过人，所以角色造型一直光鲜亮丽，整体图案设计繁复、高调。

图 6-4　在盛府时的明兰为保守清雅的人物造型，在服饰图案的设计上也是简约的风格。

图 6-3 片段

图 6-4 片段

图 6-5 片段

图 6-5　出嫁后的明兰，由于身份地位的变化，人物造型端庄大气，服饰图案的设计也尽显富贵与端庄，但仍符合明兰内敛的性格。

二、塑造角色的个性造型

角色的个性造型是人物的灵魂，图案在区分角色身份地位这一功能的基础上，直接作用于人物本身的个性体现。同样是女性角色，运用不同的个性图案，可以塑造出大相径庭的角色个性造型（图6-6）。

三、提高人物造型的美观性

人物造型的丰富与美观，一方面能够提升戏剧影视作品本身的艺术价值，从可视化层面提高整体画面的感染力；另一方面通过对角色身份地位相匹配的图案设计，可以在一定程度上引起观众的兴趣。

图6-6片段

图6-6　电视剧《风起洛阳》中，主角武思月拥有多重身份，造型多变，男装造型时的图案位置和造型恰到好处，表现出该角色公平正直、沉着冷静、不徇私、不结党、深藏不露的性格特征。女装造型时的图案的设计又表现出角色小女人般的温柔婉约。

第二节　人物造型设计中图案的特点

一、象征性

象征性，即通过某一特点的具体形象来表现与之相似或相近的概念、思想和情感。古代社会等级森严，讲究"礼""法""权""威"，统治者不但将服饰的形、色作为表述宗法、伦理等思想内容的载体，而且还赋予图案某种象征意义，来强化社会的管理。所谓"图必有意"，就是通过纹样"昭名分、辨等级"。如龙的图案象征帝王，凤的纹样象征皇后。在民间，图案的象征含义极富趣味性，花鸟虫鱼、山川风云，皆可拟人、拟物、表意，使象征的意义更为广泛（图6-7）。

图6-7 片段

图6-7　电视剧《红楼梦》（1987版）中林黛玉的服饰图案很少用缠枝、连理等繁杂花样，以梅、兰为主要图案，梅之冷艳、兰之馨雅，恰恰是黛玉倔强又优雅的性格的最好象征。

二、寓意性

寓意性即借物托意，寓某种情感意念于具体形象之中。在古代，传统图案的寓意性设计比较常见，尤其是一些表现吉祥、喜庆的图案，为人们喜闻乐见（图 6-8）。

图 6-8 片段

图 6-8　电视剧《尚食》的服饰造型中运用了大量的吉祥和喜庆图案，这些图案造型生动形象、色彩搭配协调，充分体现了明代图案的造型美、工艺美、精神美、意境美、内涵美的特点。

三、装饰性

装饰是一种审美形式。由于历史题材人物造型的设计在很大程度上受到服制化、程式化、共性化等的制约，所以人物造型相对单调，缺少变化。于是，人们对图案的装饰审美功能非常重视。图案的产生与装饰要求息息相关，图案的装饰表现是图案产生的原动力（图6-9）。

总之，人物造型图案的装饰性一般体现在两个方面：一方面是注重图案的形象，讲究整体美；另一方面是注重图案构图的形态，讲究形式美。

图6-9片段

图6-9　电视剧《上阳赋》中上阳郡主的人物造型借鉴了魏晋南北朝时期人物造型设计的特点，柔美、温婉，色彩柔和，清新淡雅，服装与配饰的图案设计与角色性格相吻合，清新、淡雅、脱俗。

第三节 人物造型设计中常用的图案类型及造型手法

一、人物造型设计中常用的图案类型

1. 传统图案

传统图案中应用最多的是植物图案、动物图案和几何形图案。图案大致经历了抽象、规范、写实等几个阶段的表现形式。商周之前的图案风格简练、概括，富有抽象的趣味性。周朝以后，装饰图案日趋工整，上下均衡，左右对称，布局严密，到唐宋时期的表现尤为突出。明清时期，图案多采用写实手法，刻画得细腻逼真。到清代后期，这一特点反映得更加突出。

2. 衍生图案

衍生图案指由传统图案演变而产生的新图案，在历史题材戏剧影视作品的人物造型中比较多见。这类图案大多是参照传统图案，根据人物造型和剧情的要求进行灵活变化和调整后的图案。

3. 新生图案

新生图案比较偏向于现代图案或者利用新技术手段创作出新类型的图案，特点是现代、时尚、充满着时代气息。在架空历史的戏剧影视作品和现代时尚戏剧影视作品中应用比较广泛。

二、人物造型设计中常用的图案造型手法

图案造型手法主要是按照装饰审美的要求进行的。常用的图案造型手法有写实表现、写意表现、省略表现、添加表现、夸张表现和综合表现。

（1）写实表现：依据自然形态，真实地描绘刻画并使之图案化，也就是说造型要忠于对象。

（2）写意表现：依据素材，去繁就简，给人一种"意到笔不到"的感觉。几何形图案也是写意表现的常用图案。

（3）省略表现：这种造型手法用于图案时，一般以侧式为主，如唐代的侧式宝花纹锦等，即抓住表现对象的主要特征进行概括提炼。

（4）添加表现：在原有素材的基础上，再增添某些图案进行装饰，使图案形象变得更完善、更理想。

（5）夸张表现：这种造型手法需要借助丰富的想象力，即抓住表现对象的某些特征加以夸大和强调，从而突出事物的本质特性。

（6）综合表现：将两种或两种以上的造型手法组合运用即综合表现。这种造型手法比较适合于整体的人物造型，可将人物服装和配饰的图案综合表现，以达到整体统一与呼应的造型效果。

思考题

1. 人物造型中图案的设计特点有哪些?
2. 人物造型中的图案的类型和造型手法有哪些?

作业

根据教师所给的角色，完成其人物造型中的图案设计。
要求：手绘、电脑均可，最终呈现为 JPG 格式的图片文件，RGB 模式，分辨率 300dpi 以上，尺寸不小于 210mm×420mm。

第七章
人物造型的材料设计

目标

掌握人物造型设计中常规材料如何进行再造设计。

掌握人物造型设计中非常规材料的运用。

掌握如何降低人物造型设计的制作成本。

掌握如何降低制作工艺的难度。

要求

知识要点	能力要求
人物造型设计中常规材料的再造设计	（1）掌握刺绣在人物造型设计中的应用方法 （2）掌握破坏性设计在人物造型设计中的应用方法 （3）掌握叠加装饰在人物造型设计中的应用方法 （4）掌握印花在人物造型设计中的应用方法 （5）掌握手绘在人物造型设计中的应用方法 （6）掌握贴花（补花）在人物造型设计中的应用方法 （7）掌握拼接在人物造型设计中的应用方法
非常规材料在人物造型设计中的运用	（1）了解非常规材料的概念 （2）了解非常规材料的种类 （3）了解非常规材料用于人物造型的优势 （4）掌握非常规材料在人物造型设计中的应用方法
材料的选择关系到人物造型的制作成本与工艺	（1）了解材料的选择与制作成本的关系 （2）了解将设计构思付诸实施必须考虑的工艺因素

随着时代的发展与进步，人们的审美不断变化，对于戏剧影视作品中人物造型的审美需求也日益提高，仅靠服装、配饰和妆容的造型设计已经很难实现突破。材料对于人物造型设计师来说是其设计灵感的来源与创造性表现的媒介，不同类别材料的搭配使用可以创造出许多不同的肌理形象，合理的搭配能够充分体现不同材料的特性和艺术特点，以达到传统材料所难以媲美的视觉效果。因此，材料的创新应用有望赋予人物造型设计新的特征，并激发出新的活力。

国内外关于人物造型设计材料的创新应用研究主要集中在以下两个方面：一方面是对传统的材料（服装的面料与辅料、配饰设计的常规材料）进行设计再造；另一方面是在传统材料中融入非常规的材料。自 20 世纪 80 年代以来，越来越多的人物造型设计师开始关注材料在人物造型设计中的重要性，人物造型设计师在当代社会审美的影响下，通过化具象为抽象、化平淡为雀跃、化保守为开放的审美思维，将材料的再造创新发扬光大，扩展了人物造型的创新领域，为设计风格开拓了思路。有很多知名的人物造型设计师都在常规材料的再造创新中实现了自己的设计理念，形成了自己独特的风格。他们的思维不再只停留在传统的材料上，而是不断寻求新的突破，使非常规材料的设计应用得到了空前的重视。许多人物造型设计师开始将贝壳、金属、塑料、木块、竹藤以及纸制品等应用于人物造型设计中，展现了非常规材料的广泛应用和无限的可能性。

第一节　人物造型设计中常规材料的再造设计

人物造型设计中的常规材料是指戏剧影视服装制作时使用的服装面料、辅料，以及制作配饰时使用的常规金属材料、皮革等。人物造型设计中常规材料的再造设计，是指根据设计需要，在原有材料的基础上，对成品材料进行二次工艺处理，运用各种手段进行立体的重塑改造，使现有的材料在肌理、形式或质感上都发生较大的甚至是质的变化，使之产生新的艺术效果。它是设计师思想的延伸，具有无可比拟的创新性。

在对常规材料的再造设计过程中，必须先了解材料的特性，如表面肌理、光泽度、强韧性、伸缩性、抗皱性、悬垂性、耐磨性等。不同特性的材料所形成的外部特征、质地、手感也是千差万别的，只有在全面了解和比较后才能有效地利用它们，对其进行再处理，使其出现丰富的色彩感觉和视觉效果，展现出独特的新面貌。人物造型设计中常规材料的处理方法有堆积、抽褶、层叠、凹凸、褶裥、褶皱、镂空等。对常规材料施以最合理的手段，必须遵循基本的形式美法则，如对称、均衡、对比、调和、节奏、比例、夸张、反复等。但无论是何种形式美法则，都需要有度的把握。

一、刺绣在人物造型设计中的应用

刺绣一直都是服装设计里非常受欢迎的元素，也是人物造型设计中常用的材料再造手法之一，一些普通的单品加上刺绣，就会有高级定制的感觉。服装面料上常用的刺绣工艺有彩绣、贴布绣、珠绣、雕绣、缎带绣等。（图 7-1、图 7-2）。

图 7-1 片段

图 7-1 电视剧《红楼梦》（2010 版）中的人物造型设计，应用了大量精美的刺绣，这些刺绣装饰部位非常广，且图案精美、做工精巧，不仅弥补了材料质感上的不足，还为角色的塑造作出了贡献。

图 7-2　电影《满城尽带黄金甲》中的皇后和皇帝，他们身上的凤袍、龙袍，那宽大的袖口、简洁的线条、夸张的外轮廓及立体的层次感体现出君临天下的大气风范，再加上采用刺绣、绲边、镶嵌、盘结等造型手法，更加突显龙袍服饰的王者之气，让人感到非常华丽、气势恢宏，呈现了中国古代皇宫服饰的风采。

图 7-2 片段

二、破坏性设计在人物造型设计中的应用

破坏材料的完整性，塑造人物形象的沧桑感是破坏性设计的表现手法之一，其注重材料多样性的选择，以及对人物造型整体的感性表现，如在人物服装、头饰的边缘进行拉毛等破坏性处理；在完整的材料上通过损毁、切割等方式，使材料产生形态不一的不规则破损；或用撕裂、抽纱等方式破坏材料的基本结构，获得不一样的视觉冲击力和人物造型效果。为了体现角色定位及时代特征，需要将人物造型设计中的材料通过磨损、砂洗、染色、褪色等工艺进行色彩做旧处理（图7-3）。

图7-3 片段

图7-3　电影《墨攻》中革离的人物造型设计，因为剧情需要，将所有衣服、配饰都进行做旧处理，就连脸上的妆容细节也不放过。人物造型设计师在几番再造做旧的基础上，还将一些杂草添置于身上，让人感觉到角色确实是从杂草丛生的荒漠沙地环境中赶过来，使影片更加形象和逼真。

三、叠加装饰在人物造型设计中的应用

叠加装饰的再造手法在人物造型材料中也经常出现（图7-4）。

图7-4 片段

图7-4　在电视剧《那年花开月正圆》中，就存在材料的再造设计，剧中角色的服装和配饰非常多，领口、衣摆、袖口、衣襟要镶嵌多道花边。人物造型设计师在服饰细节的装饰上下了很大的功夫，不仅对外衣进行多层次的镶边处理，对内衣的装饰也较多，装饰手法用得非常丰富和有耐心，每个造型上容易暴露的位置都花尽了心思，将主角的造型衬托得非常漂亮，体现了电视剧的时代特征，增加了剧情的艺术感染力。

四、印花在人物造型设计中的应用

印花是指使用涂料或染料在材料表面形成丰富多彩的各种图文。随着印花工艺尤其是数码印花工艺水平的不断发展与提高，印花在人物造型材料设计中的应用也越来越广泛（图7-5）。

五、手绘在人物造型设计中的应用

在中国历史上，传统手绘几乎涉及人们大部分的生活所需和社会所需，上到帝王将相的服饰，下到平民百姓的嫁衣。在戏剧影视作品中，经常可以见到手绘的表现形式，特别是在古代人物造型中，手绘处于无法替代的地位。手绘图案容易操作和把握，具有相当的灵活性，人物造型要符合剧情和角色的风格定位与要求，是一种个性化的诉求，在现实情况下，不可能用机器来大规模生产制造图案，如此一来，在人物造型的材料中绘出合适的图案是较好的选择，人物造型经常只针对某一场戏，缺乏通用性，所以手绘图案在人物造型材料中的运用实际上起到了降低成本的作用。

六、贴花绣在人物造型设计中的应用

贴花绣又称补花绣，是将材料剪成各种花样贴在衣服上，再用一定的方法将其边缘锁牢。贴花最早源于老百姓对破旧的衣服用相对应的面料进行缝补，后来发觉可以用于装饰，发展至今成为人物造型装饰的一种常用工艺手法。无论是古代戏剧影视作品还是现代戏剧影视作品，都会自然而然地将贴花绣运用其中（图7-6）。

图7-5片段

图7-6片段

图7-5 电影《杜拉拉升职记》中女主角所穿的印花图案的连衣裙，时尚唯美，体现了爱情的美好浪漫，同时也突出了影片所要展现的现代白领的穿衣品位。

图7-6 电影《三生三世十里桃花》中，白浅所穿的服装就采用了贴花的装饰手法，并对传统的贴花手法进行了改进和创新，所贴花朵的大小、疏密、位置都进行了合理的安排，使整个服装形成了一幅美妙的画卷，充分展示了女演员靓丽的外在形象。

七、拼接在人物造型设计中的应用

拼接工艺在材料的应用上源远流长，刚开始是实用主义，后来成为装饰艺术的一种。拼接是将颜色相同或者相异、规则或不规则的材料拼接缝合在一起，产生丰富多彩的艺术效果。如佛家的僧衣、明代的水田衣、百姓的百家衣、京剧的富贵衣、清代冬朝服等，都是拼接服饰的典型代表，从古至今，拼接工艺在人物造型设计中的运用非常广泛（图7-7）。

图 7-7 片段

图7-7　在电影《新少林寺》中，传统的僧衣由不同的面料拼接缝合在一起，很好地体现了中国僧人生活清贫、朴素的形象，也很好地突出了影片中少林寺僧人断除一切欲望，超越凡心的角色定位。

第二节　非常规材料在人物造型设计中的运用

一、非常规材料的概念

非常规材料在人物造型设计中的运用是一定时期人类思想文化和科技水平发展的见证，人们已不再满足于单一的、传统的视觉元素，设计师也不再满足于有限的设计素材。正如党的二十大报告提出："加强基础研究，突出原创，鼓励自由探索。"相较于常规材料而言，非常规材料并非取材特殊，反而是将在生活中随处可见的、其他领域的材料通过各种方法运用到人物造型设计领域。非常规材料是一个统称，是将非传统的材料及其他领域的材料运用到人物造型领域，用来传达无拘无束的独特理念和富有特色的视觉感受。非常规材料在人物造型设计中的出现是一种思维的转变，其焦点不再是常规人物造型的视觉表现，而是设计师新的设计理念的表达，能够反映出多样的设计理念和文化。

二、非常规材料的种类

1. 纸
皱纹纸、蜡光纸、锡箔纸、拷贝纸、普通白纸、旧报纸、塑料纸、卫生纸等都可以是人物造型设计的原材料，不同类型的纸张可以通过剪、镂空、缝、编织等手段制作出截然不同的独特褶皱纹理，并产生强烈的视觉效果。

2. 塑料
大多数塑料质轻、有光泽、价格便宜、可塑性强，不像纸张那么脆弱易裂，但是尺寸稳定性差，容易变形，所以在人物造型设计中常用来塑造流苏、褶皱等造型。

3. 绳索
绳索的粗细长短不同，用途也各不相同。在人物造型设计中，主要通过绳索的编织进行创作，或者利用其本身的风格和特征直接呈现原始的形态之美，具有浓郁的生活气息和别样的造型风格。

4. 气球
气球是充满空气或者别的气体的一种密封袋，不但可以作为玩具还可以作为运输工具，其材质为橡胶。橡胶在常温下呈高弹态，用充了气的气球设计的人物造型，能够充满童真童趣及奇特的视觉效果。

5. 陶瓷

陶瓷是陶器和瓷器的总称，具有硬度高、无弹性、可塑性差及易碎等特点，选择陶瓷作为人物造型设计的材料，在工艺技法上除了如金属般切割、钻孔外，还有一种更典型的方式，即浇灌烧制成型，其风格具有浓重的体积感。

6. 食材类

日常食材也可作为人物造型设计的材料。如瓜果蔬菜及糖类食品等，这些食材呈现不同的特质，可用于表现不同的主题，在设计制作过程中，我们可以根据食材的具体特点选择应用方式，并要注意温度和制作工艺的选择。

7. 泡沫塑料

泡沫塑料是一种化学材料，具有质轻、吸音、防震及良好的耐水性、绝热性、价格低等特点。将泡沫塑料应用于人物造型设计可采用挤压、堆叠、拉伸等手法塑形，整体给人空灵、轻巧的质感，又极富现代气息。

除了上述的非常规材料外，生活中依然有很多其他材料皆能为我们所用，比如树叶、花瓣、光盘、草编、胶皮手套等，只要打破思维的局限，勇于创新，任何材料都可以用来创意。

三、非常规材料用于人物造型的优势

戏剧影视作品中的人物造型倾向于选择更具张力的外部轮廓，更大胆的色彩搭配，更具有立体感的材料肌理，来体现设计师的审美追求，以更好地满足观众的审美需要。

总体来说，人物造型既有距离感，又是一次性的艺术再现，艺术表意的成分高于实用成分。非常规材料表达的是一种独特的思维方式，是把其他领域的材料与灵感带到人物造型中的一种创新思维，可以让人物造型设计师抓住"明确的主题性""具有张力的外形""强烈的色彩倾向"这3个特征，充分发挥非常规材料的作用，在立足于传统材料的基础上拥有更广阔的空间，从而敢于在再造过程中寻找新的创作元素，为人物造型设计带来新的生命力。

四、非常规材料在人物造型设计中的应用方法

在非常规材料选择上会更多地讲求展示效果，弱化人物造型各部分原有的使用功能，选材和材料处理的方式日渐严谨、繁复。由于非常规材料的特性有别于常规材料，因此人物造型设计师不仅应以保证主题和创意点的紧密联系为原则来选择特定性质的材料，还应熟悉材料的性质，才能掌控非常规材料所能呈现的效果。材料的物理性质等

细节对于人物造型创新而言意义重大，如果材料的选择跳不出常规，就很难创造出有灵性且能够给人强烈视觉冲击力的、可以体现设计师艺术风格的人物造型。那么，非常规材料如何应用于人物造型设计呢？

非常规材料应用于人物造型设计的主要方式如下。

人物造型设计是戏剧影视作品中的重要组成部分和符号。人物造型设计师的创意与材料的结合，可以组成一个完整的、新的艺术形象，使之既可以服务于创作立意，也可以概括思想内涵。

1. 直接运用

某种非服装用材料直接或经过人物造型设计师的二次加工，没有传统材料参与的称为直接运用。直接运用非常规材料可以从两点出发：一是纯粹地使用形态变化，使人物造型具有形式美感，直截了当地带来视觉上的冲击；二是在主题框架下，运用具有象征意义的非常规材料进行表现，这就需要与人的心理活动紧密联系。因为人的认知结构建立在漫长的演变和积累之上，所以选择非常规材料的时候不能过分偏离其本身的意义，产生理解上的偏差。

2. 混合运用

混合运用的实质特指两种或多种非常规材料的混合使用。当单一的非常规材料无法满足人物造型设计所需时，就可以使用两种或多种非常规材料混合表现的方式。在表演环境中，为了使表述具有足够的说服力，人物造型设计师在选材之初就应当深入探究个别元素的原始意义，尝试拆解、混合、重新构筑，最终形成多元素之间的对立，促成人物造型各构成要素之间互为补充说明的交流，升华主题或核心思想。值得一提的是，混合运用的根本在于解构诸元素，依照主题思想，遵循某种秩序，通过多种非常规材料的合理搭配和重新组合产生新的符号。因此，在混合运用的过程中，并非所有非常规材料均要表露无遗。

3. 结合运用

结合运用是指非常规材料与传统材料结合运用，这时非常规材料和传统材料的比例关系取决于人物造型的使用环境。当传统材料的比重较大时，非常规材料就以装饰作用为主，目的在于提高趣味性或传达某种理念。结合运用时首先要注意人物造型的场合，以及要表达的程度，防止演员在表演中出现表述不足或用力过度的现象；也要注意非常规材料与传统材料的结合方式、传达的意义及可能出现的效果。若是结合得很突兀，便会不知所云，产生画虎不成反类犬的滑稽现象。

非常规材料是在人物造型设计过程中不断探索与试验的结果，是人物造型设计发展历史进程中重要的一部分。非常规材料可以使人物造型的主题更加鲜明，塑造出更夸张的轮廓和多变的色彩，为人物造型增添了创新性、联想空间和戏剧效果；为人物造型设计师拓宽了设计思路；为演员的表演渲染氛围，使其更容易找到自己的角色定位。

新思潮、新观念、新流派的戏剧影视作品推动着人物造型设计理念的不断发展，人物造型设计师应大胆摒弃以往陈旧的设计观念和表现形式，尊重自身的创作规律和主观意识。当今社会，人物造型设计创作的形式和载体日趋多元，是应该顺应时代一步一挪，还是应该跨越融合、大胆创新、引领思潮，这个问题值得我们深入思考。

第三节　材料的选择关系到人物造型的制作成本与工艺

一、材料的选择与制作成本的关系

人物造型所用到的材料包括制作服装的主料、辅料，制作配饰的材料及非常规材料。材料的选择取决于人物造型设计风格的把握。在造型与色彩不变的情况下，不同的材料会产生完全不同的效果。因此，怎样选择与人物造型相协调的材料，如何运用不同质感、不同手感、不同肌理效果来完善人物造型设计，是一个永远需要创新的设计环节，在人物造型设计中也常采用一些非常规材料，以此拓宽表现渠道。例如，混合搭配金属、纺织品、海绵、针织品、纸、皮革、宝石珠片、羽毛等，并综合运用刺绣、染色、材质再造等工艺进行二次加工和仿真处理，从而创造出独特的色彩效果和肌理造型。这种方法充分发挥了材料的可塑性，利用非常规材料创造出令人意外的质感和细节，让人物造型焕发动人的魅力。

此外，在人物造型设计和制作中为了降低成本还常使用替代品，例如用人造皮毛代替天然皮草、用化纤制品代替丝绸等，这样不仅可降低制作成本，而且只要处理得当，也能达到预期的造型效果。值得一提的是，随着相关技术的发展与进步，许多新型材料也开始应用于人物造型设计。

二、将设计构思付诸实施必须考虑的工艺因素

人物造型设计是一种创造性的思维活动，在对人物造型的外部符号——造型与色彩进行整体构思后，必须把这种思维活动与材料和制作工艺相结合，才能完成人物造型设

计。设计是制作的依据和基础，而制作是设计的具体体现和延伸，它们相互独立又互相依存。无论多么优秀的设计，如果工艺无法实施，就只能是纸上谈兵。人物造型各部分的制作是围绕剧中的角色进行的，所采取的制作手段都是为角色服务的。人物造型各部分的制作目的是达到设计要求，增强人物造型的视觉效果，完成塑造剧中角色的任务。

思考题

1. 人物造型设计中的非常规材料有哪些？
2. 举例说明人物造型设计中非常规材料的造型手法有哪些？

作业

根据教师所给的角色，应用非常规材料完成人物造型设计。

要求：手绘、电脑均可，最终呈现为 JPG 格式的图片文件，RGB 模式，分辨率 300dpi 以上，尺寸不小于 210mm×420mm。

第八章
学生作业赏析

党的二十大报告提出："培育创新文化，弘扬科学家精神，涵养优良学风，营造创新氛围。"学生作业是检验学生学习成果的重要手段，要求学生从教师指定剧目中选取适合的角色进行人物造型的再创作，再创作的人物造型要严格按照剧本分析角色特征，拟写人物小传，根据人物小传分析的结果设计人物造型。人物造型设计包括发型、发饰、妆容、服装及随身道具的设计。

评判标准包括：设计是否符合人物所处时代背景、人物性格特征、人物身份地位；人物造型的颜色搭配是否合理；头饰、配饰、服装的造型、图案、材料设计是否新颖；等等。本章选取了两届学生的优秀作业进行展示，以便读者更加准确地理解作业的要求。

目标

准确分析剧本角色。

根据分析的人物小传进行人物造型设计。

课堂作业一

根据电视剧《少主且慢行》中的角色，选择 5 个人物进行人物造型再设计。

要求：手绘、电脑均可，最终文件呈现为 JPEG 格式，RGB 模式，分辨率不低于 300dpi，尺寸不小于 210mm × 420mm。

图 8-1 《少主且慢行》女配角 / 段雪薇 / 民族人物造型设计

该角色生活在高寒地区，所以采用了厚重的服饰面料，并增加了一件外套。配色方面，在原本单一的红色中加入藏蓝色、金色等进行点缀，凸显了角色衣着的华丽。

设计者：边雨晴

图 8-2 《少主且慢行》男主角 / 赵错 / 日常服饰造型设计

服饰采用皮质面料，并印有暗纹，再加上精美的手工刺绣，突出角色表面上游手好闲、纨绔子弟的形象。

设计者：边雨晴

图 8-3 《少主且慢行》女主角 / 田三七 / 便服造型设计

这套便服整体配色艳丽，面料简约朴素，符合角色在乡下生活的故事背景。配饰设计部分，在斜挎包中加入柿子树、小鸟等元素，凸显角色活泼可爱的性格特点。

设计者：边雨晴

图 8-4 《少主且慢行》女主角 / 田三七 / 大婚礼服造型设计

整体造型设计比较华贵，用浅金色的凤凰纹丝绸搭配浅色纱衣，再加上不规则的发髻和黄金饰品，既彰显身份又散发出年轻活泼的气息。

设计者：夏诗琪

图 8-5 《少主且慢行》桃源城少城主 / 何臻 / 出场造型设计

用藕荷色的刺绣内衫搭配肃杀气息的黑色外袍，在彰显角色身份地位的同时，体现了桃源城少城主君子端方、温良如玉的性格特点。

设计者：夏诗琪

图 8-6 《少主且慢行》女配角／段雪薇／出场造型设计

借鉴民族服饰的设计，用鲜艳的大红色与精美刺绣组成整体造型，表现出角色敢爱敢恨的个性和身世背景。

设计者：夏诗琪

图 8-7 《少主且慢行》男配角／白一飞／出场造型设计

人物造型的整体色调以浅色为主，白衣内衬，素色长衫，竹子暗纹，手持折扇，加之配饰腰带等，虽色调淡雅却处处彰显身份。角色身份为才华横溢的南城城主大少爷，外冷内热，受万千少女追捧，是典型的古代"男神"。

设计者：孙淯琪

图 8-8　《少主且慢行》女主角／田三七／大婚礼服造型设计

整体造型雍容华贵，色彩上运用暖色调的搭配组合，高贵典雅，图案采用中国传统吉祥纹样，寓意美好，不对称的发型与发饰增添了整体造型的灵动效果，充分展现了人物的性格、身份、年龄特征。

设计者：孙淯琪

图 8-9 《少主且慢行》女主角 / 田三七 / 常服造型设计

总体造型比较偏日常，齐胸襦裙的设计较为独特，褶裥较多，且饰有彩绘，呈现出少女的柔美和朦胧，同时又将黄色的明度及饱和度适当提高，体现出少女田三七的活泼灵动，小腰包的搭配更显其调皮可爱的性格。

设计者：孙淯琪

图 8-10 《少主且慢行》女配角 / 段雪薇 / 红衣造型设计

一个因爱生恨，可怜可悲的女子。一身红衣给人惊艳感，结合饰品点缀，使造型充满异域风情，体现角色如梦
如幻、神秘又可悲的一生。

设计者：申晴

图 8-11 《少主且慢行》女主角／田三七／初期小法医造型设计

田三七出身贫苦，所以造型整体偏暗灰色系，牛角包的发型和服装通过小配饰来提亮色彩，体现人物活泼机灵、娇俏可爱的性格特点。

设计者：申晴

图 8-12 《少主且慢行》女配角／段雪薇／中期法医造型设计

人物造型清纯，飘逸的长发和简单的配饰表现出主人公清纯可爱的一面，由于法医工作的需要，服装造型简洁大方，采用弱对比的配色和斜挎小包的设计，表现出角色的职业特性。

设计者：申晴

图 8-13　《少主且慢行》女主角 / 田三七 / 大婚礼服造型设计

人物造型具有东方化的诗意与华美，同时主要采用了与原剧中同一色系的黄色，与平时朴素的风格形成鲜明的对比。

设计者：张姝瑶

图 8-14　《少主且慢行》女主角 / 田三七 / 粉色套装造型设计

女主角酒楼诀别场景的造型，色彩上沿用了原造型中的粉色；发饰的造型也沿用了原造型的丸子头，只在头饰上做了修改，加入了粉色的花瓣和珍珠，使造型更加丰富；前额设计了金色的流苏，使其人物造型更加精致。

设计者：张艺伟

图 8-15 《少主且慢行》女主角／田三七／日常造型设计

结合故事背景，挖掘当时的服饰样式特点进行设计，重点在色彩设定、款式造型、结构层次、面料质感、细节装饰等方面充分体现角色的性格，形成飘逸灵动的设计美感。

设计者：张姝瑶

图 8-16 《少主且慢行》女主角 / 田三七 / 大婚礼服造型设计

从服装到配饰，全部采用花鸟元素，既清爽又很有灵性，非常符合女主角的性格特点。在婚服的基础上加入金色项圈，上面镶嵌玉石和红玛瑙，体现了剧中少城主的位高权重。头饰选用 6 支步摇加金流苏，灵感来源于《灵魂摆渡·黄泉》。女主角手里的扇子采用红色透明网纱，上面刺绣山河图案，代表少城主的地位很高，也彰显这套嫁衣的贵气。

设计者：张艺伟

图8-17 《少主且慢行》女主角 / 田三七 / 室外常服造型设计

这套鹅黄绢纱绣花长裙的上衣为薄纱材质收袖设计加刺绣装饰，偏右绑带的蝴蝶结设计打破了左右对称的平衡，体现了女主角活泼俏皮的性格特点。

设计者：王子璇

图 8-18　《少主且慢行》女主角 / 田三七 / 大婚礼服造型设计

这套服装采用了传统的红金搭配，金色花纹和凤纹刺绣疏密有致，流苏、珠串、长带等配饰，增加了一丝轻盈活泼之意。

设计者：王子璇

图 8-19 《少主且慢行》女主角 / 田三七 / 童年日常造型设计

人物造型选择了有刘海的儿童古典发型，把头发扎成一种古典的童花头，双髻盘在头顶，其余的头发披肩，好看又有活力。服饰是简单素雅的风格，原生态的背包和粗布麻衣，体现出角色活泼单纯的性格特点。

设计者：马琳萍

课堂作业二

在电视剧《有翡》中，选择 5 个角色进行人物造型再设计。

要求：手绘、电脑均可，最终文件呈现为 JPEG 格式，RGB 模式，分辨率不低于 300dpi，尺寸不小于 210mm×420mm。

图 8-20 《有翡》段九娘 / 人物设计稿

段九娘这个角色的性格敢爱敢恨，这套婚服整体以红色和金色为主。嫁衣的特点就是领型的设计，采用交叉穿法，整体造型呈 Y 形，搭配大袖，让人物造型看起来非常热情、华贵。

设计者：张紫嫣

图 8-21 《有翡》霓裳夫人 / 人物设计稿

霓裳夫人的整体造型风格是美艳中不失端庄。服饰设计在色彩上以明艳的色调为主，主要为赭红色、品竹色、月白色等，服装款式借鉴明代女子的常服。由于剧中有舞蹈的情节，所以在服饰上加了披帛的设计，使人物更具仙气，腰带上的流苏为其增添了灵动感；发型在符合其年龄的同时加了大朵绢花，更符合其身份。

设计者：张紫嫣

图 8-22　《有翡》吴楚楚／人物设计稿

吴楚楚身为一个不会武功的大家闺秀，在服装上采用了宽袍大袖的设计；以白色为衣服的主色调，反映其单纯、温柔的性格；在衣袍外罩了轻纱，增加其轻盈、美好的感觉；以盘扣和同心结为装饰，粉蓝相间，突出其将军之女的飒爽之感。

设计者：张紫嫣

图 8-23 《有翡》谢允 / 人物设计稿

谢允是身份尊贵的皇帝。在原本服装样式的基础上采用深色系凸显其身份，并设计了衣服上的金色暗纹和腰带上丰富的装饰；在其随身道具笛子上添加玉坠流苏，更加贴合人物的性格。

设计者：张紫嫣

图 8-24　《有翡》应何从 / 人物设计稿

应何从身为毒医，将其随身道具设计为斗笠帽和药筐；在服饰设计上尽可能地保留原设计，在此基础上添加了面纱以增加其神秘感遮挡其第二重身份；色彩方面是将蓝灰色定为主色调，为符合其身份并未添加夸张的装饰；在上半身的围巾和内衣上添加纹理，丰富了质感层次。

设计者：张紫嫣

图 8-25　《有翡》冲霄道长 / 人物设计稿

冲霄道长的造型设计整体以灰色和褐色为主，造型较为中规中矩；眉毛和胡子在剧中造型的基础上进行了夸张处理；衣襟两侧有象征身份的纹样，腰前有一把白色的拂尘，将角色的体形变胖，显得更加和蔼，符合人物性格特征。

设计者：张冰言

图 8-26　《有翡》木小乔／人物设计稿

木小乔的造型设计以红色和白色为主、黑色为辅，表现出角色雌雄难辨的性格特征；脖子和腰间都有红绳作为装饰；肩部采用独特造型的披肩作为装饰；袖口设计了刺绣，以增加细节。

设计者：张冰言

图 8-27 《有翡》谢允 / 人物设计稿

谢允的日常服饰设计以浅蓝色、灰色和白色为主，整体颜色较为华贵；头上的白玉发簪显示其身份尊贵，发型上加上了同色系的发辫；因为其身份特殊，所以在左肩和右侧下摆处设计了相互呼应的祥云图案以暗示其高贵的身份，下身设计了多层的造型以增加动感。

设计者：张冰言

图 8-28 《有翡》殷沛／人物设计稿

殷沛的日常造型设计以黑色和蓝色为主、淡绿色为辅；头饰为简单的云形白玉发簪，与衣襟和裙带的花纹呼应；左肩的金属护甲与腰带装饰相呼应；设计了一个较宽的腰带有利于放置他的武器——辫子。

设计者：张冰言

图 8-29 《有翡》周翡 / 人物设计稿

周翡的这套夜行衣设计，主体颜色为黑色；头饰较为轻便、造型简洁；腰带上的花纹与发饰的花纹相呼应；仅袖口、袖边及领口有暗色花纹，让整体造型显得低调而又不失设计感。

设计者：张冰言

图 8-30 《有翡》谢允 / 人物设计稿

该设计为谢允夜行衣造型。因其身份高贵，所以在肩部和腰部都设计了皮质的装饰；膝盖护膝上的暗纹设计，增加了装饰感；衣襟处设计了暗扣和独特的印记符号；对衣长做了调整，整体变短更方便夜间行动；下半身多层叠加凸显层次感，采用大量精美的手工刺绣和图案设计展现了人物的身份特点，独具匠心。

设计者：时闻喆

图 8-31　《有翡》周翡／人物设计稿

这是周翡在四十八寨练刀时的造型，上衣较短，方便练功时活动；腰带上增加了精美的手工刺绣，运用不同的色彩和图案展现人物的性格特征；衣襟下摆处增加了金属设计；头部增加了红色的飘带，使整体色彩更具有跳跃性。

设计者：时闻喆

图 8-32 《有翡》郑罗生 / 人物设计稿

该角色的身份是青龙主，其造型最大的特点是提取了龙鳞的元素，使整体造型装饰感更强；服装的衣长较短方便打斗，青灰色反映出角色性格的狡诈；随身佩剑上有龙的圆雕，符合青龙主的身份；多元素的组合设计并非单纯的罗列，强调了不同元素碰撞后呈现出的独特效果。

设计者：时闻喆

图 8-33 《有翡》木小乔／人物设计稿

木小乔整体的人物造型比较阴柔，主体颜色为红色；因为其身份为朱雀主，所以在肩膀和腰带处加了朱雀元素，利用朱雀元素使角色造型更加阴柔妖媚；发色设计为白色；武器为琵琶，更加符合剧中伶人的角色形象；服装下摆的花纹设计增加了层次感。

设计者：时闻喆

图 8-34 《有翡》李徽 / 人物设计稿

因为该角色是南刀的集大成者，所以刻意夸张了刀的大小和精致程度；角色身材高大、体格健壮；皮毛的设计上下呼应贴合了角色豪放的性格特征；腰间有象征四十八寨主的皮质暗花装饰；整体配色为黑色和深蓝色，少量橙色点缀增加了色彩设计的层次感。

设计者：时闻喆

图 8-35 《有翡》鱼老 / 人物设计稿

鱼老的造型在原剧造型的基础上增加了不对称的设计，将外套和内搭做了明度上的区分；将渔翁的斗笠做了夸张处理，一个极小的装饰在头上，另一个超大的背在背，让整个人物造型更显脾气古怪。

设计者：唐晓清

图 8-36 《有翡》周翡 / 人物设计稿

该造型为周翡去雪山寻找火莲时的造型，区别于原剧造型，采用了灰、白的颜色搭配；腰间的皮带进行了更加夸张的设计，手中的刀变成了蒙古的弯刀；多处增加了皮毛的设计，使服装整体看上去更加轻便、保暖。

设计者：唐晓清

图 8-37 《有翡》周翡 / 人物设计稿

该设计为周翡受伤痊愈后的造型，为了遮盖发型的凌乱和面容的憔悴，为角色戴上了斗笠；整体配色更为素雅；腰间挂了翡翠玉佩与流苏；衣领改为相互交叠的形式，让造型不显呆板。

设计者：唐晓清

图 8-38　《有翡》霓裳夫人／人物设计稿

霓裳夫人的服装参照原剧采用暖色调搭配；在服装的疏密搭配上做了一些调整，使其内紧外松；新的枫叶图案，增加了双层披帛，使整体造型更富有层次感；头饰和腰饰沿用枫叶元素，突出了角色华美、端庄的特点。

设计者：唐晓清

图 8-39 《有翡》木小乔 / 人物设计稿

木小乔的服饰设计在配色上采用了大红色，除了传统面料，还添加了大量的羽毛，来衬托角色朱雀主的身份；头饰设计为朱雀翅膀形状；怀中抱着的琵琶是木小乔的武器，设计了红色火焰形状的装饰物；服装造型较为修身，凸显角色阴柔的性格特点。

设计者：唐晓清

参考文献

陈志军，蔡珍珍．民族服装元素在影视服装设计中的创新研究 [J]．纺织报告，2020（01）：72-73+78．

宫林，2010．中国电影美术论 [M]．北京：中国电影出版社．

郭嗣坤．时代背景所赋予影视人物服饰造型的艺术性：以影视作品《红楼梦》为例 [J]．西部皮革，2019，41（23）：39-40．

李当岐，2005．西洋服装史 [M]．2 版．北京：高等教育出版社．

李佳骏．浅议中韩人物造型在影视作品中的差异 [J]．戏剧之家，2016（10）：116．

刘冬云．影视服装设计探讨 [J]．上海纺织科技，2004（06）：47-48．

刘瑞璞，陈静洁，2013．中华民族服饰结构图考（汉族编）[M]．北京：中国纺织出版社．

周璐瑛，2000．现代服装材料学 [M]．北京：中国纺织出版社．

吕志昌，2009．影视美术设计（修订版）[M]．北京：中国传媒大学出版社．

沈从文，2011．中国古代服饰研究 [M]．上海：商务印书馆．

谭慧，2008．电影中的服饰风尚 [M]．杨姗姗，译．北京：外文出版社．

许云淇．试析化妆造型在影视剧中的运用 [J]．青年时代（上半月），2017，6（17）：140-141．

王希钟，2011．影视化妆技巧 [M]．北京：北京广播学院出版社．

王展，2018．影视服装设计 [M]．北京：中国电影出版社．

王铮．当代影视人物造型设计的美学风格研究 [J]．戏剧之家，2017（13）：109-110．

吴申坤．史延芹影视人物服装设计（造型）中的东方美学 [J]．艺术百家，2015，31（S2）：168-170+202．

吴娴，2009．影视舞台化妆 [M]．上海：上海人民美术出版社．

尤璐．影视人物造型的色彩研究 [J]．山东社会科学，2015（S1）：350-351．

许阳，赵鹤．人物形象塑造对影视作品的影响 [J]．戏剧之家，2014（02）：93+96．

游力．浅谈形象设计对影视人物塑造的作用 [J]．电影文学，2013（01）：37-38．

于元彬 . 论影视美术设计中人物造型的手段 [J]. 浙江传媒学院学报，2002（04）：35-36.

张红宇 . 论我国影视作品中的服装色彩情结与表达 [J]. 美与时代（上），2017（03）：109-111.

张婷 . 论影视作品的人物造型设计 [J]. 电影文学，2013（05）：99-100.

张祥爱，黄建楠 . 影视服装在塑造角色上的应用 [J]. 福建轻纺，2020（07）：30-35.

郑苗秧，朱秀丽 . 影视服装的功能与设计 [J]. 东华大学学报，2007（01）：33-36.

周登富，1996. 电影美术概论 [M]. 北京：中国电影出版社 .

周登富，敖日力格，2021. 电影色彩 [M]. 北京：中国电影出版社 .

周璐英，2000. 现代服装材料学 [M]. 北京：中国纺织出版社 .

朱松文，1994. 服装材料学 [M]. 北京：中国纺织出版社 .

朱卫华，郑凤妮 . 影视服装的面料再造设计 [J]. 辽宁丝绸，2015（01）：28+29-31.

Deborah Nadoolman Landis，2013. 顶级电影服装设计大师访谈 [M]. 王喆，译 . 北京：人民邮电出版社 .

戴维斯，霍尔，2015. 化妆造型师手册 [M]. 2 版 . 谢滋，译 . 北京：人民邮电出版社 .

凯瑟，2000. 服装社会心理学（上）[M]. 李宏伟，译 . 北京：中国纺织出版社 .